# 眞的找到問題了嗎？

陳楊林 著

推薦序一

# 兵書是戰場經驗的淬煉，常勝將軍要熟讀兵書

和泰興業股份有限公司董事長　**蘇一仲**

管理就像是將軍帶兵作戰，是一門錯綜複雜的學問，除了理論、制度，也涉及實務和人性。

課堂上教授傾囊相授，學習者用心筆記，回到工作崗位，學到的理論、知識到了戰場卻不一定知道怎麼用。市面上的管理書籍比比皆是，國內外知名學者、作家，將畢身經驗、心得彙整，付梓成籍，管理工作者細心研讀，標記重點，但當工作出現問題時，卻是養兵千日，偏偏一時用不出來，往往要到事後才發現書本中早有解方。

上課學的，書本讀的，最後只能成為檢討缺失時的理論依據，好個事後諸葛，空有滿腹管理經綸，也只能臨表涕泣。為什會有如此現象？個人覺得

這就是理論和實務的「接點」有了空隙，這個距離感覺好像不大，卻常會讓人難以跨越。

從學習到運用，是一個認知過程。

就心理學的理論而言，認知是指個體從接收訊息到使用訊息的心理變化，宛如電腦運作一般，其中包括：輸入、轉換（將知識消化）、歸檔儲存、提取應用等等。管理者遇到最常見的問題是轉換儲存後，找不到「對的時機」拿出來應用。而且因每個人成長過程不同，會對事務處理、問題解決產生不同的前提假設、見解和後續推理過程，有些人甚至還會有明顯的個人偏好。這些先入為主的主觀思維，常會直覺地出現在處理事務的過程中，且是占據主要位置，把上課學的、書本讀的通通排擠到一旁。雖然上了好課，讀了好書，也學到了想學的知識，但卻有志難伸，因為早期的工作經驗、生活歷練形成的慣性思維模式把控了思緒，且有排他性，限制了可塑性。這就是為什麼用心學習的內容會被儲存，但不易取出運用的原由。

要把理論和實務的這段距離補上，理想上，是需要有案例練習來輔助。

讓早期形成的慣性思維在案例中由理論來打磨，一次次的碰撞，可以慢慢的讓新的知識融入處理問題的過程中，逐漸再次形成新的思維模式，這也讓管理能力可因此不斷的提升。然而，通常難有這麼理想的機運，管理者大都是在日常工作中拉近理論和實務間的距離，這個過程常需自我磨合、自我挑戰，辛苦異常，因每個待解決的問題都有一定的困境和磨難，當工作完成後，也已身心俱疲，甚至傷痕累累。

實務案例的練習並不多見，描述處理案例的文章更少，其主要原因是需要有長期的實務經驗和細膩的觀察能力，才能寫出讓管理者有所觸動的文章內容。陳楊林先生曾任上市公司的高階主管，也受過專業管理課程的嚴格訓練，他將其多年來在各大企業間授課心得和商旅期間的見聞，以其豐富的專業經理人視角和職場經驗，精煉成37篇小品文式的案例，內容多元精采，深入淺出，易於閱讀。

一張沙發，一杯咖啡，一卷在手，讀者在享受閱讀的同時，平日工作中的難處，藉由此書的實務案例分享，應可羽扇綸巾，輕鬆以對。因此特別將本書推薦給戰場中的將軍們，相信書中的論點對大家的實務工作必有助益。

有人說：多一點實務，少一點理論。我的看法有些不同，因理論不會是憑空出世，通常是許多的實務問題經由用心思量，一步步解決後，將其過程有序歸納整理，研擬出來的邏輯推論，是築基於實務之上。所以，我想說的是：要多一點實務練習才能強化理論的運用。

推薦序二

# 真槍實彈淬鍊而成的知識饗宴

國立政治大學企業管理學系教授　樓永堅

陳楊林君是政大EMBA畢業生，論文亦是在本人指導下完成，因此本人有很多機會和楊林互動，並見證其在事業經營管理實務和學術理論的精進。楊林目前是穿梭兩岸的經營管理培訓講座，有眾多培訓企業的案例，以及其個人在公務旅行所接觸的服務體驗，整理出37篇短文。本人很榮幸第一時間可以拜讀，特別將閱讀心得分享讀者。

首先，不管是傳統產業、服務業或是高科技產業，無可避免地將會碰到創新轉型的課題，本書有極大的篇幅在討論創新的方向、成長的動力，以及執行的細節，尤其是如何塑造創新的企業文化，對於有心創新及轉型的企業，極有啟發。對於有心進軍國際的企業，本書亦談到跨國企業文化的議題，極具參考價值！

其次，企業管理主要關注的課題，不外乎計畫、組織、領導、用人及控制，由於楊林專精領導力培訓課程，因此本書對於領導力的著墨甚深，同時，領導牽涉主管和部屬，如何選才、育才的用人決策，也是管理是否成功的關鍵，而其中的溝通亦是有效領導的要素。

再者，由於楊林需要旅行台灣及大陸各地進行培訓課程，因此有很多機會親身體驗大陸航空業、旅宿業及餐飲業的軟、硬體設施及服務流程，以其敏銳的觀察，從消費者的視角，提出管理上值得關注的問題以及改善的方向。

本書涵蓋了甚多產業經營管理的共同議題，例如，製造業、航空、運輸、餐飲百貨、飯店、金融等各行各業，對於有志從事管理顧問或是培訓講師的人士，極具參考價值，尤其是如何在與培訓單位的互動中，洞察單位的真正需求，是顧問及講師必備的戰力！

本書亦適合主修商學的大學生或MBA，每篇短文皆從簡要的場景帶出管

理的問題，再提出解決的方案，並且旁引學術理論，或是與孫子兵法、論語及聖經等經典對照，可說是學術和實務的融合，有助於學生更能駕馭學術理論的精髓！

楊林穿梭兩岸各地，提供精實的培訓課程，每次的出行都是挑戰，不僅要面臨各式各樣的問題，更必須在最短時間給出答案，在如此高壓的真槍實彈中，淬煉出37篇的經營管理教戰守則，個人忝為人師，欽佩之餘，特為推薦，以饗讀者！

# 推薦語

楊林學弟把多年來的豐富經驗，結合授課企業案例和商旅期間的見聞，撰寫成易讀易懂的管理文章，引經據典，深入淺出，確實能給職場上的管理工作者很大的啟發，值得大力推薦。

中華民國建築經理商業同業公會理事長　顏文澤

---

和楊林副總（習慣這麼稱呼）共事十餘年，他是一個認真負責的專業經理人，做事果決明快，遇見問題總能細心剖析，找出癥結。這本書是他多年來累積實務案例的分享，內容精彩實用，是值得一讀與傍身的好書！

大魯閣實業股份有限公司董事長　林曼麗

認識　楊林學長多年，他長期從事企業改善及企業轉型的顧問工作，是顧問界的名師，我在工作上有疑問的時候，他也是我諮詢的首選。

我很樂意推薦他的創作，本書用了37篇故事巧妙地說明企業常遇到的狀況，可以幫助讀者驗證管理課堂的理論，拜讀完內容後，對　楊林學長更有無限的敬意，他不僅經驗豐富，學識淵博，還能深入淺出將管理精髓注入小故事中，這是一本很好的書，值得推薦。

集盛紡織總經理　**蘇百煌**

---

本書中數十篇實戰經驗，皆是作者多年來累積的無價智慧，如今不藏私的分享，將能夠幫助經理人從不同面向思考，釐清脈絡關係，進而掌握問題的全貌，找出核心關鍵，精準對症下藥，是一本值得所有經理人精讀及收藏的好書。

財團法人功文文教基金會董事長　**趙文瑜**

# 作者序

去年初夏的某一天早晨，起床後一直覺得頭痛，身體感覺不舒服，拿了電子血壓計一量，竟然是149mmHg/100mmHg，收縮壓和舒張壓都過高（我的印象中從來沒這麼高過），趕快掛號看病。醫生給了血壓藥，並叫我天天量血壓，約一週後複診。回家後依照醫生囑咐吃藥，每天早晚量血壓，果然血壓降下來就沒有再升上去。複診時，醫生看了量血壓的紀錄後，告訴我會開幾天藥備用，不用再約診了。

我好奇地問醫生，為什麼會忽然高血壓？醫生告訴我，高血壓的形成有兩大類原因：一種稱原發性高血壓，沒有明確的病因，主要和遺傳、年齡、體重等有關。第二種是續發性高血壓，有明確病因，包括藥物的使用、懷孕、內分泌異常、腎臟疾病等。高血壓的成因絕大部分（百分之九十）屬「原發性」，即原因不明，我這次忽然血壓高起來，是身體在對我提出警告。醫生問我，前一陣子是否過累？有沒有感冒？睡眠好嗎？我仔細想想，還真的有點小感冒，而且連著四天因趕著製作上課教材，滿腦子事情，晚上沒睡好。醫生說，這就是身體在抗議，還好，你接受抗議看病吃藥，好好休息，血壓自然就降下來了！

血壓高會導致心腦血管和其他相關器官的疾病，但並非是病因，而是症狀反應。如果只專注控制症狀，不積極去處理病因，病是很難根治的，會變成頭痛醫頭，腳痛醫腳。有些人長期吃血壓藥，但總是難以治癒；細究後發現，患者體重過重，高血脂，抽菸、過量喝酒，不運動。這些病因沒有改善，只吃血壓藥當然沒有實效，沒有真正的對症下藥，身體上的沉痾依舊難解。

這個高血壓的醫學知識和很多職場上的管理問題似乎是異曲同工：職場上的惱人問題顯現的經常是結果，大都只看到表象，要解決問題就要認真的去找出原因，沒找到原因前，就有如瞎子摸象，常會被不斷冒出的莫名狀況搞得團團轉，就算忙得沒日沒夜，人都快累癱，問題仍是層出不窮，無法根絕，效率依舊低落，無法提升。所以，要真正地找出導致問題的原因，管理者才能妙手回春，藥到病除。根據筆者這幾年的粗淺經驗，謹提出底下三個建議以供參考。

一、深入基層，洞見癥結：管理者雖然時間有限，但仍要盡量深入基層了解狀況，如此才能掌握癥結原委，做出符合需求的正確決策，真正的讓問題絕薪止火。

二、傾聽多元聲音：尋找志同道合的人，印證彼此存在的價值，是組織常有的現象，學理上稱為「共同資訊效應」（Common information effect）。因此，這些有共同認知的人容易有一致的見解，並逐漸形成共識，且有一定的排他性。然而，在現在這個善變、複雜、不確定性高的環境中，要具備強大的競爭力，組織就需有多元的見解。但，多元見解在內部溝通上很容易互相排斥不相容。所以，如何在多元間取得平衡，兼容並蓄，傾聽不同聲音，是領導者未來非常重要的修練。

三、換位思考：有主見是強者的常態，太主觀卻也經常是失敗的原由。關鍵時刻能換位思考，了解不同立場的感受，將是能否成功解決問題的重要條件。

個人離開專業經理人的工作後，直接投入顧問講師的行列，有幸和海峽兩岸的許多知名企業有了交流和合作的機會，讓自己在領導管理領域中的體會不斷的加深加廣。這過程中見識、學習了許多企業的成長，也發現在面對挑戰和變局時，能否找到真正的問題？進而順利解決，也是企業的常見困擾。我抽空把這幾年一些不太成熟的心得、案例撰寫成短篇小品文，共累積了30多篇，心想若能彙整付梓成書，或許對職場上的管理者會有些許的助益。個人深知才學多有不足，此舉亦有野人獻曝之嫌，書冊內文若有不妥或思慮未盡周延之處，尚懇請各界賢達及讀者們能夠不吝給予批評指教。

**陳楊林** 敬上

目錄
CONTENTS

推薦序……005
推薦語……012
作者序……014

1
誰責任大……030
當你怒氣衝天的指責犯錯的部屬時，想過嗎？事情搞成這個樣子，當主管的你是否有責任？而公司現在最需要的是什麼？

2
利與不利之間的選擇……035
合作對象會不會變成競爭對手？變成競爭對手後，還有無合作機會？非友即敵，已不符合時代需求，看清問題才能找到有效的利他利己之方！

3
從新冠肺炎和SARS看管理（談狼性）……040
被動、不積極、沒有責任感、得過且過……，這些都是領導者對於部屬工作表現不滿意的批評。所以，要改變部屬，提升效率，就要從這些被詬病的行為著手！問題真的在這裡嗎？

4

應對變局的準備……045

面對未來多元、善變、複雜、不確定性高的變局，你準備好了嗎？你所準備的，是否是未來真正的需求呢？

5

酒店不在星級，有心則名……050

表面工作完整，起碼對上司有交代，嚴格要求部屬照章行事，這才符合規定。公司要求的都做好、做滿，員工再表現不好，那是個人資質和是否用心的問題，主管責任應該不大！這樣的思維有問題嗎？問題在哪裡？

6

除舊布新……055

過去的成功經驗不一定是未來發展的保證，有時甚至會是進步的阻礙，如何認清事實，勇於除舊布新，是領導者想要帶領團隊不斷進步的重要課題。

目錄
CONTENTS


7
快而不亂……059
上下級之間為了「快」，選擇了服從指揮和聽命行事，這樣讓老闆的意志可以快速貫徹執行，客戶的需求似乎也可迅速滿足。然而久而久之，帶團隊的主管慢慢覺得心力交瘁，沒有主管的指揮，部屬似乎無所適從。問題到底出在哪裡？

8
讓客戶買得安心……064
俗語說：「水清則無魚。」好像是讓別人看得太透，反而不好做生意！問題的表象似乎是這樣。然而，當客戶弄不清楚產品的優、缺點時，會掏錢買單嗎？

9
損人不利己的策略……069
面對競爭問題千萬不可頭痛醫頭，腳痛醫腳。就有如：客人不來，打折就會來的想法，最後打到骨折，也沒佔到便宜。膚淺的看問題，很容易走進死胡同！

10
## 業績好，就是好員工嗎？……074
業績最好的銷售員老是無法嚴格遵守公司的規定，該怎麼處理？睜一眼閉一眼，只要操守沒問題就好！或是一視同仁，不能有例外，該要求就須要求！但要求了，他又做不到，會不會把人逼走？業績不達標怎麼辦？

11
## 客戶價值的意義……079
大陸航空公司因暴雨飛機延遲，安排機場旁的酒店給客戶休息並供餐，真的解決飛機延遲對客戶產生的影響了嗎？

12
## 快速成長的下一步（一）……084
部屬乖乖地聽命行事，主管的指揮會比較有效率，得心應手。這樣的工作模式順利的持續一段時間後，主管發覺，員工的自主性好像越來越低。主管是該懷疑員工不夠敬業呢？還是自己的領導有問題？

目錄 CONTENTS

13
快速成長的下一步（二）……089
快速成長後，組織不斷擴大，人才是承先啟後最大的關鍵。高學歷、名校出身，應該就是用人最重要的考量了！這樣的尋才方向正確嗎？在組織擴大的同時，江山代有才人出，會不會讓衝鋒陷陣的主管，有「長江後浪推前浪，前浪死在沙灘上」的疑慮？

14
老狗如何變出新把戲……093
創新能夠協助企業轉型、升級，所以會增加很多新的工作，但員工對於增加新工作常有抗性：原來的事都做不完了，哪有能力接額外的工作！如何解決這個問題？是不是先從工作心態著手會比較好？

15
創意加SOP……098
創新的下一步是什麼？繼續發想、繼續構思新的Idea？還是讓創新的成果趕快穩定在工作流程中？

16
無意識的無知……102
當異常被視為正常時，當局者迷，都只看到表面，完全看不到核心問題。更令人擔心的是，根本沒有找出核心問題的意識。因為，問題看起來是那麼理所當然！

17
打破跨越國界的迷思……107
自己的好意對方不接受，是對方不解風情？還是我自作多情？這樣的關係要繼續維持嗎？你認為好的，肯定是對方的需求嗎？解決問題不能只站在自己的立場！

18
用品質擦亮招牌……112
再冠冕堂皇的理由，也掩飾不了背後的算計，真誠的面對才能獲得客戶的認同，堅持品質，客戶就不會斤斤計較！

19
見微知著……116
「只想到自己」和「看不到自己的問題」是阻礙進步的重要因素。以自己為出發點，就容易忽略他人的需求。自私的人，不太可能會有創新的作為！

目錄 CONTENTS


20 臨危不亂……120

時局瞬息萬變，常有意想不到的變化影響企業正常運作。做好基本功夫，循序漸進打好基礎，才能臨危不亂。千萬不要平時該做的沒做，當橫逆來襲才臨時抱佛腳，很容易左支右絀、窘迫不堪，甚至節節敗退，棄甲曳兵。

21 老大要帶我們去哪兒？……125

當公司的要求和自己的利益衝突時，站在公司的立場看事情，才會認真去思考怎麼做才是對你、對大家、對公司最有利，也才不會做出錯誤的抉擇。有時需要跳脫自己的立場，才能真正的做好自己。

22 用心的品牌，信任的商機，經營的保證……131

苦民之苦，憂民之憂，走到群眾中去傾聽民意，才能真正地掌握需求，做出合乎客戶喜好的產品或服務！

## 23
**不懂裝懂**……135

不懂並不可恥，也不會因為不懂就降低了自己的身分和地位。每個人都是在不懂的環境下慢慢學習，重點在於你是否能用心的將不懂的徹底弄懂，不斷進步！不懂裝懂掩飾不了無知，更容易重複犯相同的錯誤！

## 24
**服務深，體驗深，關係深**……139

現今企業生存發展的最大重點不在於是不是運用互聯網的電子商務，而是在能否掌握與客戶的聯結，商機需要滿足生活上的方便，才能吸引客戶長期且慣性的使用。

## 25
**學習向前看**……144

不要讓自己的未來被過去綁架，「從前種種，譬如昨日死；以後種種，譬如今日生。」—應該要懂得剔除「沉沒成本」往前看，只要認清未來對自己有幫助，就勇敢的努力追求。

目錄 CONTENTS

26 從小處著手……149

努力協助別人解決問題，認真對待每一件事，用心處理每個過程，碰到困難堅忍不拔，勇於面對，未來才會有貼近人心、可大可久的創新。

27 修煉好掌握細節的功力……153

想做就要有做好的決心，千萬不要弄得「為德不卒 反受其咎」；半吊子的事，既討不了好，還招來埋怨。表面看來是很委屈，實際上是該做好的沒做好！

28 積非成是，顛倒是非……158

同情弱者是社會具有憐憫之心的常有現象，但濫用同情，卻也常導致是非錯亂，義理不彰，本文中的三個案例，都有類似情境，值得細細斟酌。

29 因材施教，揚長補短……163

讓部屬在大庭廣眾之下難堪，並無助於學習成長，同時也直接傷害了自尊。本意是為他好，但手法卻會讓他覺得是在找麻煩，下次犯同樣錯誤的機率反倒會因為這次行為而增加，很難達到引導向上的目的。

30
自私自利的官僚……168
奉命行事，按規定辦理，大家都是如是說。但是，究竟是奉誰的指示？按什麼樣的規定？卻又說不出一個所以然。結果，抱怨和不滿就這麼持續著，工作人員還是依舊故我。

31
機會是留給有充分準備的人……173
上車跟著導航走，和事前研究行車路徑都可幫你到達目的地，但兩者背後的意義一樣嗎？導航真的解決了出行的所有問題嗎？路近一定會快點到達嗎？現在不塞車就表示等一下不塞車了嗎？

32
官僚化的「意外」……178
我們都公告了，但客戶不看，難道還是我們的責任嗎？「官僚」把客戶都趕跑了，當事者卻還沒找到問題！

目錄
CONTENTS


33
抱怨沒有幫你解決問題……183
當你在抱怨時，大家是洗耳恭聽？還是敬鬼神而遠之？抱怨完了，罵完了，事情就解決了嗎？還是問題依然存在？

34
未雨綢繆……187
企業的經營通常是在不斷解決問題的過程中發展，找到一個能不斷解決問題的主管，常會讓企業如獲至寶。然而，找到這樣的主管就真的把問題解決了嗎？

35
溝通中的「聽」與「說」……192
每次溝通想傳達的內容，幾乎都是主管嘔心瀝血之作，但效果卻不彰！再三審視，內容沒有問題，那有問題的就是部屬囉，尤其是受教的態度需要被端正！上述內容就是溝通效果不彰的主要問題嗎？

36
要見得別人好……197
主管喜歡的部屬，就是主管的人？抓得住主管的想法，就是懂得巴結主管？問題真的這麼容易判斷嗎？還是你遺漏了什麼？

37
客戶信賴是企業經營的根本……202
客戶持續買單是企業發展的重要依據，信賴是關鍵！你真的抓住關鍵了嗎？還是只看到表象？

# 1 誰責任大

當你怒氣衝天的指責犯錯的部屬時，想過嗎？事情搞成這個樣子，當主管的你是否有責任？而公司現在最需要的是什麼？

老張熱心助人，急公好義，能力不錯，講話囉嗦是他最大的問題。最近有一項跨部門的工作，由於他人脈較廣，因此蕭經理就將工作交由他執行。他雖會來報告進度，但講話囉嗦抓不到重點，不過這個工作以他的資歷而言，應可駕輕就熟，所以在細節方面蕭經理也沒有很在意。一週後的某天下班前，蕭經理的上司忽然問起老張負責的工作，並且提到其他協作部門說老張忽略了一個重要因素沒考慮，公司將會有非常嚴重的損失。這個案子由於是老張全權負責，蕭經理一下子也講不出個所以然，因此受到上司嚴厲的責問。當天下班時，蕭經理心裡一直七上八下，心想怎麼事情會搞成這個樣子？

這是我有一次幫一家企業上課時，課間某個主管（蕭經理）忽然被人事主管叫出去，半個小時後才回來。當晚用餐時，他跟我邊吃邊聊的內容。

我問蕭經理他準備怎麼處理？有什麼想法？蕭經理說：

「我剛剛跟老張通了電話，讓他知道事情的嚴重性，結果老張跟我說，過程都有向我報告，責任一下就撇得乾乾淨淨的，真是氣人。因為還要上課，沒辦法多談，我叫他明天來找我，把事情講清楚。這件事絕對要快速解決，不能搞大，否則會很麻煩。」

接著我問他，從他當主管的角度看，老張的責任大不大？他說：「當然大啊！事情全權交給他，就是對他的信任，他肯定要負責的。明天一定要好好地教訓教訓他！」

我再問，如果從公司的角度看，誰的責任大？這一問，蕭經理忽然變沉默了，停了一下，回我說：「從公司角度看，我當主管的責任大。」

我再接著問：「如果這件事沒處理好，上司會先拿誰開刀？」蕭經理回答：「會是我。」

我接著蕭經理的話，懇切地向他說：「現在最重要的不是教訓老張或追究老張的責任，而是趕快解決問題，儘量降低可能的損失。而且，老張現在對你而言，是個非常關鍵的人物，整件事你全權交給他，覺得他講話囉嗦，幾乎沒有過問，問題發生在哪裡？要從何處下手解決？只有老張最清楚。講白了，你要靠他幫你找出解決問題的辦法，從另一個角度看，如果老張擺爛，先死的是你，不會是他，他甚至是免除你被上司懲處的救星。你教訓他，搞壞跟他的關係，對整個事情一點幫助都沒有，你反而是要和他好好的談，把他拉到你身邊和你一起共同解決問題。」

聽我這麼一說，蕭經理似乎已有些體會。不過，他說還有一點他不是很理解：就是如何讓老張意識到自己的錯誤？因為讓員工知錯、改過，是當主管的職責。

我笑笑地跟他說：「在你和老張一起解決問題的過程中，一定是先找出疏漏和缺失，然後再商量解決的辦法。找的過程，老張當然就會知道哪裡有

錯，商量解決辦法就是改過的歷程。讓員工意識自身的錯誤，最好的方式是做中學，尤其是有主管在旁協助。口頭的教訓，甚至數落員工罵一頓，這些對事情幫助不大，而且容易破壞關係。以老張為例，你把他罵急了，讓他很沒面子，他會有心情和你好好討論解決問題的辦法嗎？也很可能怕挨罵，怕被懲處，隱匿某些缺失，這反而會使事情變得更棘手。」聽我說完，蕭經理猛點頭向我道謝，說他知道該怎麼做了。

蕭經理處理事情的方式，在職場上很常見，當主管的一著急，先罵再說，同時可出口氣，其實這對解決問題一點幫助都沒有，反而讓事情複雜化，因為犯錯的部屬很可能因此站到你的對立面去。公司要的是解決問題的主管，不是要你去出口氣，所以在處理這類事情，一定要以解決問題為前提。

當蕭經理被上司嚴厲責問時，可能滿腦子想著是：我這麼信任他，事情全權交給他，老張竟然把事情搞砸了，我會被他害死。此時不滿的情緒讓追究責任，懲處員工的怒氣壓過理智，處理手段變得偏差，不僅沒解決問題，甚至可能促成更大的過錯。

如果蕭經理在處理老張的這件事上，能先「站在公司立場」，拉高自己的高度去考量，就會很清晰地看出解決問題是首要工作。然而「站在公司立場」這句話卻常被汙名化，被當成是口號、八股、拍馬屁；其實在這個案例上，拉高自己的高度，「站在公司的立場」，反而讓自己可以看清怎麼解決問題。以後如果碰到難以抉擇，或無法下決斷的盲點，不妨想想，「站在公司立場」，高階主管和老闆會怎麼去處理這個問題。「站在公司立場」會是自我管理很好的防錯機制。

**【後記】**

「站在公司的立場考慮問題，站在老闆的立場想一想」這類話，常被認為是唱高調、喊口號。然而當你實際碰到難以決斷的問題，這類話在你帶團隊或自我管理時，可能就是讓你避免犯錯的重要提醒。把高度拉高，會有不同的視野！

# 2 利與不利之間的選擇

合作對象會不會變成競爭對手？變成競爭對手後，還有無合作機會？非友即敵，已不符合時代需求，看清問題才能找到有效的利他利己之方！

一位在食品加工經營多年的企業先進，在一次餐會中和我比鄰而坐，聊起了最近困擾他的一件事，因會場不方便多談，另約了一個時間邀我到他辦公室喝茶，也深入談談他遇見的問題。

因在業界多年，品牌信任度和知名度頗高，各大小零售商都會上架他的產品，當然也有些競爭對手，不過因其品質甚佳，市占率一直名列前茅。上個月，某連鎖零售商的採購主管找上他，表達了該零售商想要發展自有品牌的加工食品，希望委託他的公司代工，且代工費用相當不錯，請他務必要幫這個忙，如果同意，下個月就可以下首批試賣訂單。

這位先進考量了許久，覺得若幫其代工，肯定會影響自己的產品銷量，賺了代工費，卻影響自己的市占率，兩相權衡，利潤沒有增加，還有損害自己品牌的風險，似乎沒有接受該零售商委託代工的必要。只是，他在擔心會不會因此得罪了這個連鎖零售商，進而影響目前的合作關係，終究競爭者還是虎視眈眈地在覬覦市占率這塊大餅。

瞭解這位先進的顧慮後，我反問他，如果他的公司不幫忙代工，這個連鎖零售商會不會去找其他業者代工？

他直接回答我：「應該會的。」

我再請他進一步想想，最有可能找誰代工？

他對競爭對手極熟悉，對他們的長處、缺點娓娓道來，如數家珍。慢慢地就把這幾個對手中，誰最有可能幫連鎖零售商代工分析清楚。

接下來我再問，如果對手幫連鎖零售商代工，對他會有什麼影響？

他說：「也是影響銷售業績啊！而且還有一種可能是，因為這個代工利潤還不錯，對手為了做好代工，會擴充自己的設備產能。這樣，這個對手就會變得越來越強，威脅會越來越大。」

但，他也說：「也有可能和我一樣，考慮到會影響自己的品牌，婉拒代工。」

我說：「就算這樣，連鎖零售商應該會繼續再找合作對象，終究會找到一家願意代工的廠商吧！而且，很可能這家願意代工的廠商，原本市占率和規模都不大，因為這次代工機會，讓自己不斷的茁壯成長，慢慢變成競爭力強大的對手。」

經過這樣的一問一答，幫不幫忙代工的思維變得越來越清晰，不論代工否，因為連鎖零售商的自有品牌加入，這個食品加工產業的競爭會越來越激烈，肯定會產生新的競爭對手，只是你要誰成為你的新對手？如果連鎖零售商的自有品牌和受委託的代工廠商成為新的、強而有力的競爭對手，對自己會比較有利嗎？如何讓自己站在最有利的位置，反而才是現在最重要的考量吧！由這裡當出發點去思考是否代工的問題，似乎才是比較正確的路徑。

這麼反反覆覆的討論，這位先進對於是否代工也已了然於心，他不做，別人也會去做，這樣反而壯大了競爭對手，陷自己於不利。而且競爭對手說不定還會針對這位先進公司的產品，設計出口味相近的代工品給連鎖零售商的自有品牌，藉機打擊。那不如由自己代工操刀，還可以降低對自己的影響。會談結束前，我還是做了個提醒，幫忙代工不是無底線的，自己最暢銷的產品絕對要保護好，一定要避掉代工，動之以情，說之以理，相信連鎖零售商會理解的。

原來的連鎖零售商是合作對象，當要發展自有品牌時卻又變成了競爭對手。然而在目前這個多元、善變、競爭激烈的環境下，並非只有「競爭或合作」的二分選擇，還有「既競爭又合作」的綜合選擇。

佛教有個「不二中道」的說法，所謂的「不二」，說的是不要二分法，並非不是朋友就是敵人；「中道」講的是找出一條不會相互衝突的道路來，應該可以利他也利己，這才是長遠之道。「非友即敵」的想法已跟不上時代的需求，要深入分析做與不做之間對產業動態的影響，才能產生有利的正確選擇。

【後記】

「不二中道」是佛書上的勸世用語，所謂的「不二」，說的是不要二分法，並非不是朋友就是敵人；「中道」講的是找出一條不會相互衝突的道路來，應該可以利他也利己。「競合」已是未來發展的重要趨勢，在競爭中結善緣，這才是長遠之道。

# 3 從新冠肺炎和SARS看管理（談狼性）

被動、不積極、沒有責任感、得過且過……，這些都是領導者對於部屬工作表現不滿意的批評。所以，要改變部屬，提升效率，就要從這些被詬病的行為著手！問題真的在這裡嗎？

十七年前的SARS造成全球恐慌，COVID-19新冠肺炎感染致病率更是導致全世界人心惶惶。這二種病毒進入肺部之後，好像都有一個相似的徵兆，會導致免疫細胞自己攻擊自己肺部的正常細胞，這是致命的重大因素之一。

近期經常利用電話或視訊和一些企業高層主管討論員工的管理和企業的領導。因為競爭壓力（對企業而言，競爭壓力宛如病毒侵襲）導致高階主管對於員工的要求一天比一天高，希望員工們有狼性，能夠認同企業文化，能夠團結合作，為共同目標而努力。這些都是對的，然而它卻需要一段醞釀和型塑的過程，否則操之過急很容易導致反效果。

在一次電話會議中，和某企業的總經理及人事主管討論人才管理的問題，員工缺乏狼性是現在他們認為最主要的困擾，在過程中筆者不斷的提醒，狼是群體生活的動物，擁有很好的團隊合作模式和效率，主要是因為帶頭狼可以讓狼群有安全感和成就感，以及彼此建立的強烈信任基礎上。如果這個基礎建立的不夠扎實，就很難激發企業所需要的狼性。

人事主管在討論中提出一個問題：「事業部門的主管不斷的護短，當我們覺得員工做得不好的時候，他們卻一味的護著員工，這點是我們很難理解的，這些主管應該想辦法讓這些員工提升能力，讓他們具有向心力、讓他們能夠不斷的奮發努力，而不是一味的護著他們。」

此時我笑笑地反問：「當總裁質問總經理底下的事業部門主管工作有缺失時，總經理會不會幫這些事業部門主管講話、解釋說明？」

他們回答：「當然會啊！」

我說：「那就對了！事業部門主管幫他們底下的部屬講話是正常的現象啊，沒有必要大驚小怪的。」

管理者要換位思考，站在對方的立場著想，當你不幫底下的人講話，你以後要怎麼帶這個團隊？一味地指責、要求是沒有辦法啟發員工積極向上的心。多去看員工的優點與好的表現，發現他們的長處，適時給予肯定，同時提供適合他們發展方向的建議，給予必要的支持與協助，讓員工在企業內有所學習、有所成長，能夠對組織產生價值，做出貢獻，員工自然會產生向心力，會懂得團結合作。看到機會目標，當然會抓著不放，全力以赴。

所以，管理是急不來的，打好基礎，是必備的步驟，如果把替員工講話的主管都視為管理意識不足、管理不夠積極，只會把這些主管越推越遠，高層和這些主管之間很難產生互信，也很難看到彼此之間的優點，更遑論團結合作，溝通不良與對立經常是由這個地方逐漸擴散、惡化。

當這些主管慢慢被視為不夠積極、不夠努力以及不適任，就好像SARS

的病毒進入肺部之後，會引發免疫系統的細胞攻擊正常的細胞一樣，防衛過當，把正常細胞當成是敵人，在消滅病毒的同時，也把正常細胞一起殺死。剛剛我們所提到的不滿主管替部屬講話的心態，就好像是上述所提的免疫細胞一樣，會誤殺這些管理者，其實最主要的原因是操之過急、求好心切，忽略換位思考，這樣的行為會很容易讓組織受到嚴重的傷害。

所謂的狼性是界定在員工有安全感（被保護的感覺）、成就感（好表現會被肯定）、公平性（一視同仁）的基礎上。

胡適先生曾說過：「要怎麼收穫，先怎麼栽！」領導者千萬不能忽略栽種的過程，一定是先學習當一個辛苦的播種者，才能有機會成為一個優秀的收穫者。

3.

**【後記】**

要員工有「狼性」，當主管的要先檢視，員工努力時，是否被肯定了（成就感）？員工是否有被公平對待（一視同仁）？員工在團隊裡工作，是否有安全感（被保護的感覺）？如果這幾點做不到，主管只是一昧地要求要有「狼性」，這會是「緣木求魚」，根本不可能！

# 4 應對變局的準備

面對未來多元、善變、複雜、不確定性高的變局，你準備好了嗎？你所準備的，是否是未來真正的需求呢？

新冠肺炎對世界經濟帶來前所未有的衝擊，從一開始擔心供應鏈斷鏈，到後來疫情蔓延全球，幾乎所有國家都實施鎖國、封城政策，以致使客戶端的需求急凍，需求鏈也呈現半斷鏈的狀況，線下經濟幾乎停擺。注重客戶體驗的行業，像餐飲、酒店、旅遊等相關市場哀鴻遍野，連所謂的快時尚，都成為慢時尚，講求效率要求零庫存的，現在都是庫存。

然而線上的市場，在這波疫情的推波助瀾下，宅經濟蓬勃發展，相關行業的員工忙得連休息的時間都沒有，因為大家都在拚「滿足客戶的即時需求」。

誰能先占住這個「即時需求」市場，誰就比其他競爭者有機會主導未來的宅經濟。「即時需求」的進一步意義就是及時將客戶需要的商品（服務）提供給客戶，這個市場在疫情未結束前，成長迅速，快速膨脹，而且這個病毒將再肆虐多久？誰都不敢妄言，根據行為心理學家的研究，一個動作持續21天就會變成習慣，所以疫情居家期間很多行為模式養成後，很可能就不容易改變。也就是說，因疫情興起的市場風潮，疫後仍有很大的機會持續著。

所以，如何及時抓住這個商機，考驗著組織的應變能力。

人才，是這波商機成敗最重要的決定因素，能否在組織最需要的時候找到「對的人」放在「對的位置」，執行及時滿足客戶需要的工作，是決勝的關鍵。

所以，人才庫在這個時候就很重要了。誰有這樣的專長？誰有這樣的能耐？當組織急著要人的時候，內部要能找出這樣的人才來。事到臨頭才找，當然緩不濟急，也很可能找到「不對的人」。人才庫的建立需要有一套清楚標準的程序，平常就要做，當成是組織內部的基本功，其實在這波疫情裡，關鍵人才起了關鍵作用，常會聽到這樣的對話：「還好有ＸＸＸ在。」這個不能建立在運氣上，平日的積累才是重點。

除了人才，組織的應變能力，部門和部門間協調，也是能否打勝戰的關鍵。

有些企業內部標榜著高績效團隊，每個部門都高標完成關鍵績效指標（KPI），但碰到這次的疫情，企業的績效卻出不來，部門高績效，整體企業的競爭力卻趕不上客戶需求？為什麼？當部門利益和企業利益衝突時，自以為是的高績效，會站在維護自身利益的立場。當我們部門的關鍵績效指標要在公司名列前茅，要成為第一時，當然就要避免被其他部門超越。因此，利他的思維在內部競爭激烈的情形下，就很難有共鳴，同心協力就只是口號。

大家都要有心理準備，像新冠肺炎帶來的突發變局，未來經常發生的機率很大，常常會突襲我們。除了上述的人才庫和部門協作之外，筆者還有底下幾個建議。

1 共享文化：面對多元、善變、複雜、不確定性高的變局，建立共享機制，獎勵共享作為，可以大大強化企業的應變能力。

2 包容多元的聲音：企業競爭力與多元文化密不可分，單一種所謂的主流意見，有時反而抑制了發展，侷限了格局。讓不同聲音逐漸成為內部珍視的資產，是絕對有利於未來的競爭發展。

3 真誠深入的溝通：這是老生常談，但在實務操作上，卻是知易行難，非常容易被忽略。給一個有用的小技巧：每次溝通時，一定要讓自己聽對方說話的時間比自己說的時間長，以了解對方想法為重，儘量避免要說服對方。

4 積極改善讓客戶不方便的環節：客戶的不方便，就是我們工作上的缺失或盲點，要不斷發掘，不斷改進。病毒侵襲，常是從身體最弱的地方下手，競爭對手的攻擊，也是會從客戶不方便的地方著手。

通常是生了場大病，才知自己不足，健身要從平常開始，當病毒侵襲才有強健體魄應戰。應對變局也是如此，新冠肺炎帶來的教訓異常嚴厲，以前不足的，切勿重蹈覆轍，上述的建議，應可提供平常鍛鍊企業機制時參考。

**【後記】**

建立共享文化，鼓勵包容多元意見，真誠互敬的溝通，是企業未來面對突發變局的重要內部機制。輔以時刻重視客戶的感受，努力解決客戶的困擾和不方便（客戶的不方便，常是我們工作上不自覺的缺失或盲點），才有機會在競爭激烈的互聯網時代占有一席之地。

# 5 酒店不在星級，有心則名

表面工作完整，起碼對上司有交代，嚴格要求部屬照章行事，這才符合規定。公司要求的都做好、做滿，員工再表現不好，那是個人資質和是否用心的問題，主管責任應該不大！

這樣的思維有問題嗎？問題在哪裡？

有人敲門，是服務員送來了我要的延長線（大陸叫座插或排插），本以為謝謝，給點小費即可，服務員卻是向我要了100元人民幣的押金，我問為什麼這麼貴？他回我是酒店規定的（大陸稱酒店，台灣稱飯店），退房時把延長線拿到櫃臺就可將100元拿回。我給了100，順便請他給我收據。

服務員竟然回答我：「沒有收據。」

我緊接問為什麼會沒有收據？

服務員說：「因曾經有客戶用收據要了一次100元，之後用延長線再去要一次100元，酒店為了避免損失，就決定不開收據給客戶。」

我的感覺是，酒店損失這100元，全都是客戶的錯，所以，他們用了收100元押金不給收據的方式來防止客戶犯錯。

這是我在大陸一家號稱四星級酒店遇見的狀況，聽同事說，這個酒店十多年來換了好幾個老闆，而且最近也才換手經營幾個月，附近的競爭多，正全力革新積極拉攏客戶，同時餐廳也重新發包給新的包商經營，平日晚上和假日中、晚餐都有歌星駐唱。

當晚在酒店餐廳吃飯時，果真有歌星駐唱，只是他們雄赳赳氣昂昂的歌曲，讓我的這頓晚飯隨著節奏越吃越快，越吃越緊張。

另外，我還見識到領班在訓練新員工，每人手上一本冊子，內容一條條的念，要求要背起來，上班抽問若答不出來要罰錢。同時在走往餐廳的迴廊上，每2-3步就掛著標語，內容就類似：

「客戶是我們的衣食父母，沒有客戶，餐廳就沒有發展。」

「我們的收入都來自餐廳辛苦的經營，要全心全力的工作，這樣才對得起自己的良心。」

這些標語不知是要給員工看呢？還是給客戶看？只是我注意到了，走過迴廊的客戶倒是有不少人在瀏覽，經過的員工卻都是三三兩兩邊聊天邊走，沒人注意，要不就快步走過，要不就低頭走過，這些標語對員工而言好像很無感！

這家酒店的大堂、餐廳，用的人不少，該有人站的地方就會有人，重點是，這些人在幹什麼？觀察後發現，做最多的事是「聊天」，然後是說「歡迎光臨」，再來是「指路」（不是帶路！）

我相信新的經營者一定參訪了很多優質的酒店，模仿很多好的管理方式，幾乎可以做的都儘量做了，但卻少了「心」（尤其是從業同仁的心），少了真誠，少了替客戶著想，少了換位思考，這才是不斷更換經營團隊的原因，套用一句大陸的用語，問題在於是不是「走心」！

唐朝詩人劉禹錫的〈陋室銘〉：「山不在高，有仙則名；水不在深，有龍則靈。」若改用在這家酒店上，應該可以說「酒店不在星級，有心則名」。

這家酒店的新經營者用了最快的方式「模仿」，希望能儘快步入正軌，然而，殊不知他們只改變了外在，內在問題依然沒有解決，只有表面工夫，很難有效果，換湯不換藥。要和附近的酒店競爭，重點在於誰能抓住客戶的心，競爭力的源頭在於知不知道客戶要什麼？而不在於你要做什麼？

除了經營者的心，員工的心也很重要。員工是酒店最重要的內部客戶，要提升外部客戶的滿意度，就需先讓內部客戶滿意，心有怨氣的員工，如何能笑臉迎人的用心招呼客人？在用心經營外部客戶前，還是要先把內部客戶搞定。

**【後記】**

「模仿」常是創新的前奏，但表面工夫，只改變了外在，進不到心裡頭，少了真誠，少了替對方著想，少了換位思考，就很難讓人有所觸動。模仿不只是直接複製，要探討其內部的因果關係，深入了解其做為或不做為的原由，才能創造出新的感覺。新的感覺要做到心有感覺！

# 6 除舊布新

過去的成功經驗不一定是未來發展的保證，有時甚至會是進步的阻礙，如何認清事實，勇於除舊布新，是領導者想要帶領團隊不斷進步的重要課題。

之前曾為一家由製造業積極轉型為服務業的陸資企業主持培訓，該公司組織相當健全，學員們課前作業繳交比率非常高，上課時也全心融入幾乎沒有人接聽手機，大家討論熱絡，可以很明顯的感受到，這是一個很有紀律的團體。

上課時，高階主管坐在後面旁聽，該主管在開場致詞時，有段話是「謝謝大家能繼續留在公司服務」，當時我就覺得怪怪的，因為少有開場致詞會講這些話。然而對方沒主動說，我也不方便問，一直到結訓致詞時，高階主管又延續了開場時的話題，說出去年一整年公司基層員工的離職率接近百分之百，這真是一個令人驚訝的數字。

在第一天晚上的晚宴上，高階主管告訴我，這些主管都有回家功課，因為公司裡的員工每天都要寫一篇工作心得，第二天上班前要傳到高階主管的「微信」，他們都會仔細看，這是公司很好的傳統，今天因參加內訓沒上班，所以回家功課是上課的學習心得。同桌的幹部也附和著說：

「有些員工一開始什麼都寫不出來，經過要求，現在都可長篇大論，甚至還要限定字數，否則會看不完。」

幾乎當晚參加晚宴的所有主管，都表現出對這項傳統全力支持的態度，認定這是管理上的積極作為。

寫心得報告對員工能力的提升很有助益，同時也可協助主管瞭解員工。然而，有這麼好的傳統政策，照理說基層員工們應該都會有所成長，認同目前的工作，又怎會有離職率100%的現象產生？是寫心得報告不好嗎？如果不好，這些目前都還在寫的主管又怎會這麼支持這樣的政策？

我個人認為，在公司草創初期，心得寫的是篳路藍縷開創新事業的體驗，一切從無到有，每天都有不同的經驗領悟，藉由寫心得的方式記錄成長，同時可互相學習，說不定公司裡的很多制度都是在這樣的心得交換中一點一滴積累出來的。

然而，對現在的員工而言，每天的心得不一定有當初主管們的體驗，每天工作的複雜程度也和當初公司草創剛成立時不同，現在只要按照規定或SOP去執行，工作大都可以順利完成。而領導們期望很高的心得報告，可能不再是學習或交換經驗的重要途徑，為了滿足這個具有傳統的要求，寫心得變成是例行公事，談不上會有多少收穫和反饋，到網上搜尋一下就有很多內容可以參考、抄襲，剪剪貼貼即可完成工作，洋洋灑灑長篇大論，徒具形式沒有實質意義。

我非常相信這家轉型企業能有今天的發展，高階主管和目前的管理幹部們功不可沒，然而在快速成長的需求下，原來的經營模式，員工本職學能的養成方式，都需要有所改變。有時在蛻變的過程中懂得如何選擇是很重要的，要學習捨棄不需要的，沒有功用的，對進步沒有幫助的。要重新盤點未來發展所需要的，若現在已有，就想辦法強化，現在沒有，想辦法創新。

懂得丟掉不需要的包袱，才會有接納新事物的空間。過去的成功經驗不一定是未來發展的保證，有時甚至會是進步的阻礙，如何認清事實，不沉溺於過去成功的虛榮，勇於除舊佈新，是領導者想要帶領團隊不斷進步的重要課題。

**【後記】**

組織在蛻變的過程中要懂得如何選擇，學習捨棄對進步沒有幫助的（雖然過往曾經堅持過），重新盤點未來發展所需要的，想辦法強化精進，想辦法創新突破。懂得丟掉不需要的包袱，才會有接納新事物的空間，捨棄表面形式，才能爭取煥然一新的機會。

# 7 快而不亂

上下級之間為了「快」，選擇了服從指揮和聽命行事，這樣讓老闆的意志可以快速貫徹執行，客戶的需求似乎也可迅速滿足。然而久而久之，帶團隊的主管慢慢覺得心力交瘁，沒有主管的指揮，部屬似乎無所適從。問題到底出在哪裡？

21世紀初，市場上最大的變化就是互聯網的崛起，一個個的平台建立，串起了無限商機，也掀起前所未有的競爭。實體店面、賣場，受到網路商店巨大的衝擊，讓經營模式起了翻天覆地的變化。然而，進入2010年代，電商趨勢雖仍蓬勃發展，但整體經營環境競爭越來越激烈，業者開始思索如何突破目前的困境；此時，實體店面的購物體驗，反而成為抓住客戶忠誠度的重要工具。

互聯網世界的巨擘——亞馬遜，2015年11月在西雅圖地區開設了第一家實體書店，第一家實體超市「Amazon Go」也在2018年初正式開幕。在大陸，阿里巴巴孵化了「盒馬鮮生」超市，買下「大潤發」的大部分股權。這些巨擘們的投資，就是希望線上、線下能相互結合，擴大商機。

由實體商店轉向互聯網，再由互聯網將觸角延伸到線下，這種快速翻轉的狀況不只出現在電商行業，製造業、金融業、服務業等都因外在環境不斷的改變，面臨著同樣的問題。當外部需求如此快速輪動，內部機制是否能跟得上應變，是相當值得探究的問題。

這幾年培訓課程與學員的互動中，可以感受企業常是用「快」來面對上述問題，因為要應付外部環境快速輪動，內部運作就必須要「以快制快」。然而，在這麼「快」的應對下，許多當初沒料想到的問題就一個個在內部浮現，逐漸困擾著企業。

首先，上下級之間為了「快」，選擇了服從指揮和聽命行事，這樣不僅老闆的意志可以快速貫徹執行，客戶的需求似乎也可快速滿足。然而久而久之，帶團隊的主管慢慢覺得心力交瘁，好像什麼事情都要等待他們決定才能往下進行，因為沒有主管的指揮，部屬無所適從。而且當事業成長，部門需要擴張，也找不到合適的人選擔當重任，幾乎所有的事都壓在主管身上。因為在聽命行事、服從指揮的環境下，部屬只曾照章行事，沒有獨當一面、應對變局的能力。

至於部門與部門間的橫向協作，為了快速達成任務，一切以搶時間為重，配合單位的感受就不是那麼重要。因此，拿上級壓人，狐假虎威，扣別人帽子，虛張聲勢，都是司空見慣的手段。當協作的兩方感受不到對方誠意，形式上的合作，很容易發生因聯繫不足所導致的失誤。

要解決「快」在上下左右之間造成的問題，有效的溝通是非常重要的關鍵。企業內部要做到有效溝通，筆者有底下幾個淺見提供參考。

### 1 不僅要知其然，也要讓部屬知其所以然

首先，不能為了快，一味的要求聽命行事，而是要先讓部屬理解事情為何要這麼處理？雖然剛開始會耽誤一些時間，但在部屬們逐漸了解且學習

成長後，事情處理的速度自然就會越來越快，這樣的溝通才會有實質效益。同時也因為知其所以然，工作經驗逐漸累積，日後對主管的依賴也會越來越少。

### 2 橫向協作更需換位思考

橫向協作的問題，常發生在彼此認知上的差距，各人因看法不同，處理的態度、方式也會不同，然而有些基本精神是不變的：溝通時要能換位思考、誠懇、謙虛不做作，懷著感恩的心，懂得欣賞別人的優點，讚美別人。如此，才能真正做到有效的溝通，拉近彼此間的距離。

### 3 以時間換取空間

溝通看重的就在「通」字，要能貫通，要能暢通，所以過程是非常重要的，這些都需要經過時間的淬鍊，彼此適應，而非立竿見影，一蹴可幾。

有效的溝通可以建立共識，有了共識，上下之間意念可以互通，橫向協作彼此可以補位，就算沒有白紙黑字的規範，內部運作依舊能夠暢通無阻。

所以，當外在環境發生意想不到的變卦，內部建立的共識就可協助企業迅速且正確的應對，做到從容不迫，快而不亂。

**【後記】**

企業內部的有效溝通：不僅要讓部屬知其然，也要知其所以然，日後依賴才會越來越少。平級溝通時要誠懇、謙虛不做作，懷著感恩的心，欣賞別人的優點，讚美別人。溝通需要經過時間的淬鍊，要懂得用時間換取空間，讓彼此適應，而非立竿見影。

# 8 讓客戶買得安心

俗語說：「水清則無魚。」好像是讓別人看得太透，反而不好做生意！問題的表象似乎是這樣。然而，當客戶弄不清楚產品的優、缺點時，會掏錢買單嗎？

前一陣子內人想在她的車上裝行車紀錄器，要我幫她挑選，我上網搜尋了一下，價格從一千多元到一萬多元的都有，琳瑯滿目，各有千秋，看得我眼花撩亂，卻不知要買哪一個好？剛好電視購物台也正在推銷，特地耐心的把整個銷售節目看完，不看還好，看了更不知要怎麼挑？因為購物台賣得便宜，功能突出，幾乎比網上看到的同等級產品性價比都強，我反而不知所措，腦中閃過一個念頭？真的有這麼好嗎？以前為什麼沒看過這個品牌？

價格便宜，功能符合需求，是購物的考量重點，簡單的說就是希望能買到物超所值的產品。然而是不是真的功能符合需求？是不是真的能夠物超所值？通常是在經過使用，親身經歷後才會有所體會。對於消費者而言，等於把自己當成實驗品，買後用過，才知道買得對不對。

所以對買方而言，購買成本就不只是售價而已，還有一些隱性的成本，比如說：搜尋比較產品功能所花的時間，承擔廠商是否誇大產品功能的風險……等，有時這些隱性成本甚至可能會高於產品的售價。因此，當您要推出一項產品（或服務）時，不能只考慮要賣多少錢？毛利夠不夠？還要考慮消費者要花多少成本（擔多少風險？）才能買到產品（或服務），要站在客戶的立場去考量，如何將產品的資訊透明，讓客戶容易比較。

其實資訊越清楚，客戶越容易下判斷，這樣產品（或服務）才會好賣。買賣最怕的就是資訊不對等，買方資訊不足，在擔心吃虧的情形下反而會降低購買意願。當然，如果只是一般的消費品，價格不高，買方比較不會去花時間在搜尋比較產品的相關資料。但若是像我這次要買的行車紀錄器，或是較高價的電器、電子產品（冰箱、電視、音響、單眼相機、NB……等），花在搜尋產品性能的時間就會比較多。

這次買行車紀錄器，最後我決定的是P牌產品，因為這個品牌做過車用GPS導航器材，風評不錯，且公司成立時間較久（2001年成立）。目前在台北、上海、深圳、香港、新加坡、曼谷、日本等地都設有據點。不論是在台灣、東南亞及中國大陸，P牌的產品都有極高市場占有率及品牌知名度（本身也是上市公司，曾榮獲精品獎肯定）。所以，雖然價位貴些，還是選擇買它，起碼這牌子我比較有信心。

從這個例子可以發現，在購買行為中，價格並非唯一考量，如何讓消費者對公司產生信任感，可以買得安心，用得安心是很重要的因素。

在傳媒不普及的時代，做生意講究童叟無欺，品質、信用缺一不可。現在網路發達，品牌效應左右客戶購買意願，也對產品的市占率產生很大的影響。現在講的品牌效應和從前童叟無欺的品質、信用，都有相同的目的，追求的都是讓客戶安心，這已是企業經營最大的課題之一。

前幾年台灣連續發生了劣質米、問題油等食安風暴，就是廠家只顧售價，只看毛利，見利忘義。結果一出問題，不僅要吃官司，接受公權力的懲處，還賠盡多年不易塑造的公司形象，得不償失。

近年來，無論是購買商品、聚餐、旅游，大家都已習慣先上網爬文找資料，看看其他人的消費體驗，因為親友、網友的分享比店家、企業的官方宣傳更值得信任（客觀、忠實的體驗感受，遠勝商家的自吹自擂），這就是近幾年最紅的行銷手段——UGC（User Generated Content），利用消費者的分享慾，讓客戶替品牌增加曝光度。客戶在FB、微信、Line、YouTube、TikTok……為你宣傳，你也運用品質、服務、價格幫自己圈粉。而相對的，只要有瑕疵，沒有好的消費體驗，事後又沒好好處理，壞事也會傳千里，一夜之間醜聞就傳遍各地。

前述提到造成食安問題的廠商，影響的不只是他們的「問題油」，同集團的關係企業都受到波及。他們有一項原來很受歡迎，品質極優的奶品，是和酪農契作；當地的好山好水，不受汙染，環境優雅，在全台享有盛名，這麼棒的結合，這麼好的產品故事，卻在關係企業的一次食安問題中，讓這個奶品從業界的神壇上重重跌落。至今好幾年了，雖然做了很多努力，還是恢復不了當初受到的青睞，現在仍是停留在被懷疑的眼光看待，回不去了。

市場上競爭越來越激烈，品質不能減，服務不能減，讓客戶安心，努力營造消費者的信任，是長久立足的不變法則。

**【後記】**

無論是購買商品、聚餐、旅遊，大家都已習慣先上網爬文找資料，參考其他人的消費體驗；近幾年最紅的行銷手段——UGC（User Generated Content），利用消費者的分享慾，替品牌增加曝光度。客戶在FB、微信、Line、YouTube、TikTok……為你宣傳，你也運用品質、服務、價格幫自己圈粉。相對的，若有瑕疵，沒有好的消費體驗，事後又沒好好處理，壞事也會快傳千里。

# 9 損人不利己的策略

面對競爭問題千萬不可頭痛醫頭，腳痛醫腳。就有如：客人不來，打折就會來的想法，最後打到骨折，也沒佔到便宜。膚淺的看問題，很容易走進死胡同！

春節前夕，家裡信箱和手機都塞滿了各式各樣的廣告海報，每家都是挖空心思吸引消費者，希望消費者在這一年一度的重要時節，能拿著年終獎金光顧自家的賣場，這其中，尤以百貨公司的優惠特別吸引人。

百貨公司的促銷，這幾年來從一開始的「滿1萬元送500」，到現在最容易見到的是「滿千送百」（折扣後再滿千送百），門檻越來越低。原來的促銷手法是希望拉高客戶的消費金額，現在則是為了吸引客戶上門，只要消費滿1000元就送，而且是當天可用的現金折價券，不是那種下次再來消費才能折抵的折價券。

這樣的優惠，對客戶而言確實是一件好事，業者也希望利用這樣的即時回饋，能讓客戶選擇到自家的百貨公司消費，而且能一來再來。然而，這樣的優惠措施，是不是真的能抓住消費者的心呢？

您可能會發現，只要是週年慶或年度重要節日，幾乎所有的百貨公司都有「滿千送百」的優惠，客戶會先比較哪一家現在有優惠？哪一家優惠對我比較有利？才決定去那一家消費（和客戶擁有的信用卡有關，信用卡業者通常會配合百貨業的促銷活動，給予持卡者額外的優惠待遇）。客戶對於百貨公司的忠誠度，似乎沒有隨著優惠促銷而產生，反而是被業者的促銷大戰培養得越來越精明了，沒有促銷的時候，消費的意願會大減，因為他們知道，只要再忍一忍，「滿千送百」的優惠就會出現，那個時候才是真正的物超所值。

百貨業的折價策略不知是從哪家業者開始？但很清楚的是，現在沒有一家業者不使用這種優惠方案，因為只要你不用，消費者就不會上門，這樣的方式就有如百貨業的業績「毒品」，不用，業績會不好，但若使用只會越用越重，業者彼此間殺得血流成河，消費者卻是樂得從中撿便宜。這其中最大的問題，在於第一位制定折價策略的決策者沒有對未來的可能情境深入探討，沒有去預期競爭對手對自己策略的反擊方式，導致當初的決策變成一個逼著同業非得對峙競爭的錯誤抉擇，是個讓大家都一起走「不歸路」的策略。

我發現和這個案例相似的，還有汽車業者的「保固期」。一樣是一家業者提出，大家都得跟進，因為不跟業績就不好，而且是保固期越來越長。A業者提出2年保固，過不久B品牌可能就會提出3年保固，C業者為了凸顯自己與眾不同，5年保固就因應而生。業者為了競爭，徒使自己的成本不斷墊高，但卻無法因此超越同業，因為大家都如此，最後還是回到了原來的出發點，誰也沒有佔便宜。

主事者在制定策略時，一定要去了解整個產業的競爭環境和特性，同時要慎重的考量對手會有的反應。如果對於產業競爭特性不夠清楚，不能考量對手的反應，做出來的策略很可能只擁有極短期的優勢，長期看來卻會造成自己和競爭者的傷害，反而會弄得「損人而不利己」。

百貨業和汽車業的這兩個案例，就是前述狀況最好的寫照，他們進行的競爭方式不只是「零和賽局」，而是比零和賽局更激烈的「負和賽局」。在競爭過程中，所有業者都支付可觀的競爭成本，但卻沒有增加預期應有的利潤，而且常是為了業績，犧牲了利潤。如果長期如此，對整個產業是個極負面的影響，大家都會受傷，甚至越來越嚴重。

《孫子兵法》第六篇〈虛實篇〉，主要是闡述與敵軍作戰時，如何掌握敵情變化，做出適當的對策進而取得勝利。其中有這麼一段話：

「故策之而知得失之計，作之而知動靜之理」。意思是說：

「通過仔細分析可以判斷敵人作戰計劃的優劣得失；通過挑動敵人，可以瞭解敵方的活動規律。」

制定策略有如作戰時的兵法，如何掌握敵情變化（競爭者的反應），才是致勝先機。千萬不要做出「損人卻不利己」的策略，占不了便宜，也讓自

己陷入泥沼之中。要深入的了解敵人，掌握敵人可能的因應之道，才有辦法贏得競爭。

**【後記】**

《孫子兵法・虛實篇》：「故策之而知得失之計，作之而知動靜之理。」通過仔細分析可以判斷敵人作戰計劃的優劣得失；通過挑動敵人，可以瞭解敵方的活動規律。制定策略也是如此，掌握敵情變化（競爭者的反應），才有致勝先機。千萬不要做出「損人卻不利己」的策略，占不了便宜，也讓自己陷入泥沼之中。

# 10 業績好，就是好員工嗎？

業績最好的銷售員老是無法嚴格遵守公司的規定，該怎麼處理？睜一眼閉一眼，只要操守沒問題就好！或是一視同仁，不能有例外，該要求就須要求！但要求了，他又做不到，會不會把人逼走？業績不達標怎麼辦？

前一陣子參加一個座談會，談的主題是有關人力資源，其中一位中小企業的老闆，談到公司最近業務部的經理、副理相繼離職的事，引發與會者一番討論。

該公司的副理業績占了公司整體業績的三分之一，但平日行為乖張，上班時常遲到或早退，不遵守公司規定，對於直屬上司經理的要求也是愛理不理，經理因常常管不動他，多次向公司反映但未獲處理，因此心懷不平的請辭，公司雖極力挽留，但經理去意甚堅。

經理離職後，副理原以為應該輪到他升職，結果因為他平日素行不佳，公司不敢升他，另外聘一位經理空降，這個舉動引發副理不滿，他自認為公司立下許多汗馬功勞，公司卻無視於他的存在，竟然空降外人當經理，他認為公司對他不義，轉而投奔同業競爭對手。業務部連續折損兩名大將，對公司業績影響頗巨，老闆甚為頭痛。

這位老闆指出，副理因為學歷好，反應快，當初就是由他面試進公司的，短短不到幾年就以比同儕快了兩倍的速度，由基層員工晉升到副理，一路走來業績都是第一名，然而卻有不愛遵守公司規定、遲到、早退、特立獨行的毛病，由於業績一直是公司的標竿，老闆也就沒那麼在乎他的不當行為，不過隱然可以感受到公司的其他人對副理頗有微詞，只是礙於現實沒有公開爆發出來。

一個得分能力很強的籃球隊明星球員，一上場就只管自己運球投籃，命中率是隊中最高的，但他卻不管防守，也不會傳球給別人，球隊贏球時他永遠是得分最高的那一位，球隊輸球也常是因為他表現失常。您覺得這樣的球員是不是好球員？這樣的球隊是不是好球隊？

相信看得懂籃球的人都知道，這個明星球員並不是一個好球員，在球場上他只在意自己，不在乎團隊。這個球隊的戰績好壞幾乎都要看這個球員的投籃表現，他一個人就決定了球隊的勝負，這樣的球隊當然不會是一個好球隊。一個好的球隊是要能夠發揮團隊的作戰力，彼此互補，同心協力，有共同目標，願意相互扶持，單靠一個人是無法打天下的。

這個公司的副理和籃球隊的明星隊員是一樣的狀況，都只有個人表現，沒有團隊意識。公司縱容副理的不當行為，是因為擔心業績流失，而且不僅沒有糾正他的行為，還讓他身居要職，這對公司長遠的發展是不利的。公司應該慶幸這位副理在這個時候離職，如果再留幾年，公司的問題可能會更嚴重，連老闆都要看他臉色。

企業在求才選才時，找到合適的人是很重要的，千萬不要因為出缺應急，先找個差不多的人補上去，或應徵者的學經歷、能力都很好就錄用。應該還是要弄清楚這個人的特質是否符合公司的企業文化或價值觀。若這些都沒有考慮，很可能雙方會因誤會而結合，因了解而分開。

世界電腦軟體巨擘「X軟公司」在徵才時，面試者中必須有一位是專門負責確認應試者是否適合「X軟」的企業文化及價值觀，而且他有「否決權」，即使其他面試者都認為應試者很優秀，應該要「錄用」。由此可見「X軟」是何等重視人才與企業文化、價值觀的契合度，這也是「X軟」能稱霸電腦軟體業的重要因素之一。

再來，我們要探討的是「副理」不當行為對公司的影響，其實老闆也隱然知道，員工們對副理都頗有微詞，只是副理業績都是公司第一，所以隱忍沒有發作。然而，這種狀況持續了好幾年，會讓人家覺得，只要業績做得好，沒有什麼不可以。這樣的趨勢蔓延下去，會破壞整個企業的文化，顛倒價值觀，屆時就不只是一位業務經理離職而已，這對整個企業的生存都會有嚴重的影響。

《論語・為政篇》，子曰：「舉直錯諸枉，則民服。舉枉錯諸直，則民不服。」意思是說：舉用正直的人，廢置不正直的人，老百姓就會心服；如果舉用不正直的人，廢置正直的人，老百姓就會不服。講的就是這位副理帶來的影響，所以，維護企業文化和價值觀是企業領導人更重於業績的工作。

**【後記】**

企業在求才選才時，關鍵在於找到合適的人，千萬不要因為出缺應急，先找個差不多的人補上去，或應徵者的學經歷、能力都很好就錄用。應該還是要弄清楚這個人的特質是否符合公司的企業文化或價值觀。千萬不要讓選才變成是「因誤會而結合，因了解而分開」。

# 11 客戶價值的意義

大陸航空公司因暴雨飛機延遲，安排機場旁的酒店給客戶休息並供餐，真的解決飛機延遲對客戶產生的影響了嗎？

維護客戶價值是企業賴以生存的重要信念，企業競爭力也是立足於客戶價值之上，誰把這個工作做得好，誰就會擁有客戶的忠誠度。然而，企業念茲在茲想要維護的客戶價值，真的是客戶需要的嗎？這和企業能否真的抓住客戶的需求有密切的關係！

有一次從杭州搭機前往廣州，搭乘ＸＸ國際航空公司10：50飛往廣州的航班，我在9點30分就到機場該公司櫃臺報到（大陸國內航班，起飛前40分鐘報到即可），櫃臺人員一聽說是要到廣州的，馬上回答：

「對不起！飛機延遲，要下午5點才能起飛。」

我問怎麼沒通知乘客？都有留手機啊！對方很客氣地回答：

「很抱歉，我們也是9點才接到通知，電話還來不及打。」

我又問怎麼會這樣？他說：

「因為廣州、深圳暴雨釀災，甚至有人被淹死了！」確實，前一天有這麼一則新聞沒錯。櫃臺服務員繼續說：

「我們有安排車子，10：30會送你們到附近賓館休息、用餐。」

我繼續問，一定要等到5點嗎？你們沒有中午或早一點的航班到廣州嗎？

「抱歉！很多航班都沒有飛了。」聽他這麼說心都涼了一半。

因這次到廣州還有從上海搭機的同事，我趕緊打電話問他飛機有沒有飛？結果上海是準點起飛！這就奇怪了？為什麼上海起飛可以，杭州卻不行？我趕緊回XX國際航空公司的櫃臺詢問，才知原來是昨晚該公司從廣州要飛回杭州的班機因暴雨無法回來，所以今天沒有飛機可以飛，要等到下午5點。我追問下午5點一定會飛嗎？我今天一定要到廣州，明天有很重要的事要處理。對方回：

「沒有把握，天氣的事很難說。」

事到如今，我只好找其他航空公司試試看，說不定會有機會。在機場詢問臺問到中午前起飛的只有南X航空（我擔心下午廣州又會有暴雨，因前幾天都是如此），趕到南X航空櫃臺，櫃臺人員說目前是客滿，確實有沒有位子，要到售票櫃臺問比較精準。我趕到售票櫃臺問，售票員很客氣地告訴我：

「這幾天飛廣州班機因暴雨關係航班大亂，只要有飛，都是滿的，連頭等艙都客滿。」

這時我真的有點急了，當天若到不了廣州，隔天上課就會「開天窗」。我把狀況向售票員說，請他幫幫忙看有沒有其他辦法？對方笑笑地說：

「目前候補都已10位了，肯定排不上的，我幫你看看其他航空公司有沒有機位？」

他開始幫我查，過不了多久，他站起來指著右前方約20公尺前的一個櫃臺說：

「長X航空還有一個機位，11：55起飛，趕快去！不然會被搶走。」我趕緊跑過去，機票終於買到，當天下午也順利到達廣州。

企業能夠存在並且長期發展，主要的原因就是擁有「顧客」，顧客價值就是企業存在的價值，不論是製造業或是服務業，提供的產品和服務都是以顧客的需求為主要考量，對客戶有價值的，才有繼續存在的理由。

航班嚴重延遲，XX國際航空公司安排我去賓館休息、用餐，那只是該公司一廂情願的想法，他們認為既然飛機延遲就應該安排客戶休息、用餐，但這樣的做法並無法滿足我的需求，賓館休息對我毫無意義，只是耽誤我的時間和事情，一點價值也沒有，我要的是趕快找到可以讓我當天到達廣州的航班，XX國際航空公司只是站在自己的立場，並沒有換位思考。

當時最能讓客戶感動的，應該是協助客戶轉搭其他公司航班順利啟程。雖然我沒有搭乘南X航空的班機，但是因為南X航空售票員的專業熱誠服務，讓我搭到其他航空公司飛往廣州的飛機，滿足我當時的需求，這樣的服務對我而言才是真正有價值的。當然，日後我肯定會搭南X航空班機在大陸商務旅行，至於XX國際航空公司的航班，那就敬謝不敏了！

**【後記】**

客戶價值就是企業存在的價值，然而，企業念茲在茲想要維護的客戶價值，真的是客戶需要的嗎？還是你認為客戶應該有這樣的需求？能抓住客戶的，通常是會接近客戶，換位思考，洞察問題所在，而非把自己的想法、認為的需求強加於客戶身上。

# 12 快速成長的下一步（一）

部屬乖乖地聽命行事，主管的指揮會比較有效率，得心應手。這樣的工作模式順利的持續一段時間後，主管發覺，員工的自主性好像越來越低。主管是該懷疑員工不夠敬業呢？還是自己的領導有問題？

因擔任管理顧問講師的關係，常有機會與企業主接觸，尤其對培訓極度重視的公司，有時總經理、副總經理都可能會坐在課堂後面旁聽。之前，就有個類似的經驗，而且在當天上完課晚餐之後，該公司副總經理約我聊聊對員工上課狀況的看法。剛好上課時我也發現了一些問題，藉這個機會雙方做了深度的溝通。

該次上課是以案例研討為主軸，在案例課程的設計上會盡量把相關條件說明清楚，讓參加的學員依照案例中的情境內容，在小組中一起討論，彼此提供想法，分享意見，再綜合整理成一致的決定。然而在上課的過程中，發現該公司的員工時常反應案例中的條件和情境不夠明確，他們在討論時無法做精準的判斷。當然，我會針對他們的需求再做進一步的解說，但能說的其實有限，因為這些未知的部分就是有意留給學員去討論的。

（這樣的案例研討在我的培訓課程中經常使用，幾乎少有企業學員提出類似的疑問和需求。）

我把這個現象在晚餐後和公司副總經理的聊天中提出，並表示案例研討的情境內容在詳細讀完說明後，運用一些邏輯思考和推理，其實都可以理解，是可以不用發問的。這次來參加培訓的學員大都是該公司的中堅幹部，會紛紛提出不需要問的問題，這是個值得注意的現象。

該公司副總經理告訴我，公司這兩年成長迅速，光去年就增加了快200家的分店，雖有成就感，但壓力也特別大，從他開始，都希望各級幹部能迅速依照公司要求把該辦的事情趕快辦好。擔心大家出錯，所以說明和指示都特別詳細，而且要求承辦主管先遵照指示辦理，這樣比較不會犯錯，幾乎是一個口令一個動作，因此，員工的服從性也特別高。這樣的領導風格已執行了快兩年，快速成長也因為這樣的領導方式，都沒出過什麼大問題。

不過他和總經理及幾位高階主管卻覺得特別累，累得都快喘不過氣來，因為什麼都要親自盯著，否則容易發生異常。這次會安排培訓也是因為想利用課程提升主管們的一些自主能力，減輕高階主管們身上的壓力。

聽完副總經理的這段話，我誠懇地提出建議，對於今天上課中主管們提出不需要問的問題，有兩個面向需要注意：

一個是態度，一個是能力。

兩年來這些人都已養成會有詳細指示的工作習慣，平常一碰到沒處理過的問題，可能最直接的方法就是請示，而且這樣最不容易發生錯誤，久而久之，「問」和「聽命行事」就是解決問題的最好方式，而且過去這兩年，高階主管對他們的這種方式又是有求必應，當然會養成沒有詳細說明就會做不好的依賴、被動的工作態度。

另一個重點是能力，「聽命行事」的結果容易剝奪部屬運用推理、邏

輯思考解決問題的機會，應該自己能解決的，也會因沒有訓練獨立思考的機會，最後變成不會，當然，解決問題的能力就會不足。

快速成長的下一步，就是要能「整隊」，快就容易亂，所謂的「整隊」，指的是盤點有哪些不足？過去有哪些需要改善的？並找出未來可能面臨的問題，再針對問題培養解決能力。否則，一昧的講求快，人沒有跟上來，若碰到障礙甚至攻擊，因解決問題的能力沒有提升，很容易出現束手無策等待指示的現象，反應不及的經常是節節敗退。很多新興的企業組織，剛開始發展得很快，然後就停滯不前，嚴重一點的還會快速萎縮，常常是因為這樣的原因造成的。

未雨綢繆是領導者很重要的自覺和職責，問題發生了再處理，都只是在減少損失。運氣好的，減損成功驚險過關，運氣差的就會應付不暇，捉襟見肘，讓損失不斷擴大。所以，「整隊」可以協助避免損失和防止發展延滯，讓自己團隊的步伐不受影響，快速前進，拉開和競爭者的差距。

**【後記】**

快速成長的下一步，就是要能「整隊」，快就容易亂，所謂的「整隊」，指的是盤點員工有哪些不足？過去有哪些需要改善的？並找出未來可能面臨的問題，再針對問題培養解決能力。一味的講求快，解決問題的能力沒有提升，很容易出現束手無策等待指示的現象。

# 13 快速成長的下一步（二）

快速成長後，組織不斷擴大，人才是承先啟後最大的關鍵。高學歷、名校出身，應該就是用人最重要的考量了！這樣的尋才方向正確嗎？在組織擴大的同時，江山代有才人出，會不會讓衝鋒陷陣的主管，有「長江後浪推前浪，前浪死在沙灘上」的疑慮？

之前，筆者曾了寫一篇名為〈快速成長的下一步〉的文章，事隔一段時日，筆者針對時下企業快速發展，有了更深一層的體會，再次著手寫下〈快速成長的下一步（二）〉，將這段時間的感想做更進一步的闡述和分享。

近年來互聯網成長速度和新的商業模式發展，幾乎是一日千里，企業隨著科技的進步，三年前幾百位員工的組織，三年後可能成長到幾千位，這樣的發展軌跡幾無前例可循，都是集中在這幾年發生的，而且在互聯網的運用成為普世價值的環境下，競爭異常激烈，網路效應更助長了這樣的風潮，大家都要拚第一，因為贏者全拿。企業管理者幾乎沒有一絲可停下來的時間，整個公司就應著業務的成長不斷的膨脹，然而大而不當，大而難控，變成是管理者最頭痛擔心的問題。處理得好，可安然度過，處理不好，公司就可能會從成長的高峰急速往下墜落。

通常企業的領導者都希望組織在安定可控的情境下發展，避免因成長而變得混亂無序，所以「整隊」是「快速成長的下一步」；找出不足，針對問題培養能力，讓作戰中的現有組織能有效面對成長所產生的變局。

然而隨著業務不停的增長，將伴隨衍生新增的組織團隊，現有的領導者會直接面臨另一個重要的任務，那就是需要在過程中找到可培養的人才，培養他們成為新增組織團隊的領導者，這是未來企業穩定向上不可或缺的動力。所以，「快速成長的下一步」之後，急於面對的另一個階段性問題，就是要想辦法培養接班的人才，也就是說，領導者要有不斷的培養更多領導者的認知，以避免企業發展壯大卻無才可用，後繼無人。

培養接班人，要從兩個部分著手，一個是「慎始」，一個是「制度」。

我們先從「慎始」來看，公司快速成長，業務不斷的因應市場需求而擴張，這些迅速增加的工作就需要有人做。培養人才要從基層做起，因此，不斷的發掘有潛力的新人就變成人力資源部門非常重要的一項任務。

人力資源部不只要找人，更重要的是要找到對的人，千萬不要新人是「因為誤會而進來，因為了解而離開」，這對企業是種浪費；浪費資源、浪費時間。長期下來，留不住人會變為成長的致命威脅。所以，一開始就要找到「對的人」，高學歷、名校出身不是主要考量，找到適合企業工作環境和文化氛圍的人才是重點，從源頭管控，不是等人進來再事倍功半的去做調整。

另一個要談的是「制度」，讓每個部門的主管都要有共同的認知：培養接班人是主管非常重要且必須在現任職務中完成的工作。

企業要想辦法把培養接班人的工作和部門主管的績效、考評、獎勵綁在一起，讓培養人才接班變成是主管的必要工作，形成制度，主管可以因為提拔人才而更上一層樓。由制度來管理而不是人治，以避免主管因個人因素

（例如：怕自己的人才被公司調走，或是培養新人會對自己有威脅感）影響公司發展，讓人才能夠真正的成為公司重要的公共資產，成為未來發展的重要基石。

前述的「慎始」和「制度」，並非是什麼新的管理見解，而是一些人才管理的基本觀念，沒有花俏，只有實實在在，一步一腳印。這給了筆者很大的感悟，不論商業模式怎麼改變，互聯網如何發達，始終不變的是做好基本功夫，健全企業體質，如此，才能面對外界迅速的變化和挑戰。

**【後記】**

「快速成長的下一步」之後，就是要想辦法培養接班的人才，領導者要有不斷培養更多領導者的認知，以避免企業發展壯大卻無才可用。培養接班人，要從兩個部分著手，一個是「慎始」，找到對的人（合適企業的人）；一個是「制度」，讓培養接班人成為主管非常重要且必須在現任職務中完成的工作。

# 14

# 老狗如何變出新把戲？

創新能夠協助企業轉型、升級，所以會增加很多新的工作，但員工對於增加新工作常有抗性：原來的事都做不完了，哪有能力接額外的工作！如何解決這個問題？是不是先從工作心態著手會比較好？

檢討過去，展望未來，是很多公司在歲末年終和新年度開始時的重頭戲。在過去幾年中，有個議題會經常年復一年的在這個時機被提出，那就是「創新」！

公司都希望在新的年度中，有新的目標、新的氣象、新的產品，最好整個公司都能煥然一新。然而，提出這個議題的公司，是不是都能如願地在新年度中真正的發展出「創新」的事業？從事後的觀察，我們發現經常會事與願違。因此如何「創新」？就成為很多企業在新年度開始時的重要課題。

在一家企業的年初培訓課程上，因為總經理很重視這次的幹部培訓，上課前特別蒞臨現場致詞，致詞內容除了感謝大家過去一年的努力，也特別提出在新年度對於「創新」的期待。

總經理說，創新是我們公司未來發展的重要依靠，過去幾年公司都不斷的鼓吹員工創新，並提出獎勵辦法，大家好像都有在做，但都沒有很理想的成效。例如：我們把賣場的裝潢請室內設計師特別的重新設計過，希望能讓客戶有更親切的感受，願意在我們的店櫃多花些時間瀏覽。公司也請有名的服裝設計師幫忙設計新的制服，這套制服很受員工歡迎，客戶也都覺得賞心悅目，但去年整體的績效卻仍是在原地踏步，沒什麼進展。我知道這次公司的培訓主題不是創新，但仍然希望這兩天的課程，大家的學習和討論能對公司未來的創新有啟發作用。

講完後，總經理就留在教室後方旁聽。顯然，他對這次的課程有額外的期待。為了能呼應總經理的期待，我在整個課程的開場就利用總經理的創新當為題材，因人資經理在介紹講師時，是以「一位有豐富管理實務經驗的慈祥長者」把我介紹出場，剛好這是可以利用的梗。

我向學員們表達，我一直不覺得我是一位慈祥的長者，所謂慈祥長者的另一層含意就是「老人家」，我不承認自己老，所以我想辦法要改變這個稱謂；我想改變髮型，讓自己能夠潮一點，因此到髮廊找設計師要求剪個現在最流行的髮型，讓自己年輕一點。我看到很多年輕人都把頭上周邊的頭髮理光，將髮線推高，但設計師說我臉型不合適，因為這樣臉會變很大（變豬頭），設計師問了我的職業後，想一想，覺得現在的髮型還算搭，重點是白頭髮太多，染髮是變年輕最好的方式。因此，我接受建議，染了頭髮。然而，過了三個月，我的頭髮又漸漸白回來了，我的外表又變回一個「慈祥的長者」。

我想辦法要讓自己「回春」，變年輕，但身體和外表的老化是改變不了的事實，想讓自己變年輕，單單改變外在是無法做到的。

我發現要讓自己變年輕，有兩件事一定要做：

第一是運動，運動能強化自己的生理機能，讓自己體力變好，身體變健康。

第二是心態，自己要有求新求變的態度，墨守成規不想改變，心態就會越來越老化，就算改變外在的髮型、穿著，甚至拉皮整容，都無法改掉一顆老態龍鍾的心，因為把外在去掉，裡面還是包裹著一顆老人的心。

創新的目的是希望公司能夠轉型、升級，能有更好的競爭力，這和上述談到的變年輕的話題一樣。體質好嗎？如果體質不好，太多的改變要求，增加的負擔，說不定會適得其反，把身體弄得更糟。要先把體魄鍛鍊好，才有變年輕的本錢。公司也是一樣，求變之前要先把體質變好，組織運作變順暢，提升工作效率（也是這次培訓的目的之一），這樣才能提供創新的良好基礎，也才禁得起創新帶來的衝擊。否則創新所增加的工作負擔，反而讓組織運作產生應接不暇的窘境，原來的事都做不好了，哪能有辦法再額外承接因為創新而產生的新工作。

其次是心態，如果創新只是表面改變，心態不變，換湯不換藥，很難做到真正的創新，創新要從「心」做起，改變原有的舊思維，做有積極意義的變革，換位思考，才能有創新的機會。俗話說：「老狗變不出新把戲。」相同的做事方法，是無法期待有新的成就。想要變出新把戲，那就要擁有強健的體魄和求新求變的認知，如此才有機會培養出新的能力，變出讓人賞心悅目的新把戲。

**【後記】**

創新的目的是希望公司能夠轉型、升級，能有更好的競爭力，如果體質不好，太多的改變要求所增加的負擔，說不定會適得其反，弄得更糟。求變之前要先把組織運作變順暢，提升工作效率，這樣才能提供創新的良好基礎，也才禁得起創新帶來的衝擊。

# 15

# 創意加SOP

創新的下一步是什麼？繼續發想、繼續構思新的Idea？還是讓創新的成果趕快穩定在工作流程中？

在大陸的授課旅程中，常有機會在知名的連鎖餐廳用餐，其中包括「舌尖上的中國（二）」報導過的西北美食。這幾個品牌餐廳的特色是：服務週到、上菜迅速、美味可口，而且餐廳的規模都不小，至少有20至30張四人桌，多的甚至到百桌，經常是高朋滿座，消費價位在每人約人民幣100-150元之間，翻桌率高，一看就知道是很賺錢的餐飲業。

這些餐廳的服務員都很年輕，制服乾淨俐落，每上一道菜，服務員就會在桌邊說明這道菜的特色及品嘗的方式，而且每道菜不只味道可口，擺飾也很精美，連餐前小菜都還有典故，讓人宛如身處美食節目。

其中的一個品牌，當客戶點了某些菜色，會有抽獎活動，抽獎方式是模仿古代皇帝晚上點嬪妃侍寢時，由公公端來的盤子上翻牌子的橋段讓客戶抽獎，沒抽中的，內容寫著「皇上，請您專心用膳」，意思是沒抽中請專心吃飯，情境令人莞爾。客戶雖沒抽到獎品，也會因為這樣的安排，增加了用餐時的樂趣，在吃完飯結帳後，還會把客戶用餐使用的筷子（餐廳特別訂製的專用筷）洗乾淨，用精美的套子包裝，讓客戶帶回家當紀念品。總而言之，在這幾個品牌的餐廳用餐，常會有驚喜出現。

開餐廳最重要的就是廚師，服務不夠週到客戶勉強可以接受，但東西不好吃，就不會再來了。像這樣的連鎖餐廳培養廚師一定是一門大學問，餐廳賺不賺錢廚師很重要，這也是生產流程和擴大連鎖規模的瓶頸，廚師搞不定，餐廳很難做得好。

在用餐時藉機詳細觀察了做麵食、甜點和廚房的師傅，發現都非常年輕，頂多30出頭歲，這樣年齡的歷練，能扛下一家每餐都幾百人用餐的連鎖餐廳嗎？我和朋友細細研究之後發現，菜單上的菜大都是可由半成品（中央廚房提供）二次加工後（包括簡單的拌炒、烘、烤、蒸等）快速出菜，而且色、香、味俱全。同時，餐廳對於客戶等待多少時間也是斤斤計較，甚至會有沙漏計時，精確掌握上菜時間，因為縮短等待可提升客戶滿意度，同時也大大提高餐廳的翻桌率，可說一舉數得。

由用餐的過程可以發現，創意和SOP是這類連鎖餐廳發展的重要關鍵。從前場的餐桌服務到後場的廚房做菜，都可看出SOP的足跡，服務員和廚師的工作流程有明確的規範，而且大家都非常熟練，因為不夠熟練反而會讓流程變得一團混亂，無法提升效率和服務品質，影響客戶用餐。這和筆者之前〈老狗如何變出新把戲〉文章中，提及「創新求變之前要先把體質變好，組織運作變順暢，提升工作效率」的觀點有異曲同工之妙。

當然，創意也是這類餐廳的主要賣點，為了讓客戶有不同的體驗，餐廳產出的不只是美食，在抓住客戶胃的同時，藉由菜餚背後的動人故事，抓住客戶的心。在這些餐廳用餐已不只是滿足口腹之慾，解決民生問題，而是品嘗有典故美食的精神饗宴和飲食文化。

經營者利用SOP的優點，突破連鎖餐廳發展的瓶頸，做到飲食規格化、廚房管理和廚師培訓系統化，再運用創意朝追求品牌個性及特色餐飲發展。相信只要「用心」，應該有機會打造出一個具有中國美食特色的速食風潮。

**【後記】**

企業一旦創新成功，為了做好客戶服務，常會建置標準純熟的流程和工作方法，穩固創新成果，協助企業獲利。然而，需要注意的是：標準作業流程要求的是工作步驟標準化，並不是思維慣性化。所以，要培養員工，工作上能恪遵規定，按部就班，思維上能勇於嘗試，突破現狀。

# 16 無意識的無知

當異常被視為正常時，當局者迷，都只看到表面，完全看不到核心問題。更令人擔心的是，根本沒有找出核心問題的意識。因為，問題看起來是那麼理所當然！

寫這篇文章時，已是在深圳機場「遊蕩」4個多小時之後，期間二進二出，換了一家航空公司的班機，因登機門的關係，也幾乎把機場走遍了，同時也帶著無奈繼續等待。

原本是搭13：20分的航班，11：50到機場報到時，問櫃臺人員會不會準點，櫃臺說目前沒有通知會延遲。但，當到達登機口時，卻已貼出延遲公告，延遲到14：10。然而到14：00時，又廣播宣布因氣候關係飛機改降桂林。因常在大陸搭乘飛機商旅，所以知道，通常這種狀況，就代表今天起飛的時間根本無法確定。

當下決定，把行李領出，另買機票轉搭其他航班。同時請北京的同事幫我看看其他班機時間，同事告訴我，15：30、17：25各有其他航空公司的航班，同時也提醒我，要記得辦退票手續。

我急忙地從原航班的登機口（機場最裡面的位置）邊走邊跑的出了機場安檢，到領行李處領行李，領行李櫃臺只有一人值班，正在辦理其他公務（該櫃臺也辦理超大行李的業務），值班人員頭也不抬的要我等一下。這一等，10分鐘過去了，我急著告訴她，我要領行李改搭其他航班。這時，她才拿起對講機通知行李處找我的行李，趁著空檔，我趕快到售票櫃臺辦退票手續。當場排了不少購票的旅客，因不知怎麼退票，問了旁邊櫃臺的人員（同屬該航空公司），那個人一派輕鬆地告訴我，退票請隔壁排隊，我說因為你們的飛機改降其他機場，所以我要趕緊退票，另買其他公司航班，可以幫我問問退票手續嗎？這個人告訴我，我是處理保險的，請問隔壁的。

我無奈地到隔壁排隊，輪到我時，售票櫃臺人員告訴我，要有延遲證明才能全額退票，我說我只有這個航班的登機證，沒有延遲證明，他說要到另一個櫃臺辦理，我又跑到另一個櫃臺辦延遲證明。

退票手續處理好之後，回到領行李的櫃臺，行李竟然還沒到，請櫃臺幫我催，櫃臺說已經催了，我請她告訴我還要多久？這樣我才能判斷買幾點的機票，櫃臺人員還是說要等等，我真的急了，問她「到底還要多久？給我個時間我才好辦事」，她竟然說已經催了，她也沒辦法！時間一分一秒的過去，我就揹著電腦包站在櫃臺旁邊等，又過了15分，已經15：00，我口氣嚴厲的問她，還要多久？她再用對講機問，對方說已經送上來了！櫃臺人員回去找了一下，把我的行李推出來，沒有半句道歉或不好意思，只是跟我說，行李處的人行李送來了也沒說。我無奈地不知說什麼好，趕快推著行李去買機票，當然，15：30的航班沒買到，只買到17：25的航班。

這個過程，從航空公司對飛機是否會準點的掌控，行李處人員、購票處人員的態度，在在都顯示了對飛機延遲問題的輕忽。

事不關己，無同理心，不在乎客人的感受！完全沒有對客人因飛機延遲帶來不便的緊急處理措施。

例如：儘快幫客戶找到行李，讓客戶可以順利轉搭其他航班，儘快幫客戶辦退票手續，避免客戶跑來跑去，甚至主動協助安排航班，這些可彌補航班延誤帶來不便的服務，完全沒有在這個過程中出現。

為什麼這麼大的航空公司對這樣的事情完全沒有應變的能力和應有的態度呢？

因為這種航班延誤的「異常」，已被該公司視為是「正常」，司空見慣，所以沒有特別要處理的意識。

這種組織無意識的無知，導致毫無作為的現象，是很嚴重的問題，因為根本不知這樣的現象要管理，所以服務意識也因此喪失，工作人員完全認為這樣的事沒什麼好緊張的，不要說會不會影響公司在顧客心中的印象或忠誠度，甚至壓根就認為這事與我一點關係都沒有。

「不知道要做」比「不知道要如何做」更嚴重，「不知道要如何做」還會去找做的方法，「不知道要做」就會連要找方法的想法都沒有了。無意識的無知，導致團體不知要改善求進步，當然，就會毫無服務可言。

溫水煮青蛙的故事大家耳熟能詳，當組織喪失危機意識，無法辨別潛在危機，發現狀況不對要反應時，卻已是回天乏術，來不及了。

（飛機還是延到晚上8點才起飛，走出寧波機場，已是22：20）

【後記】

「不知道要做」比「不知道要如何做」更嚴重，「不知道要如何做」還會去找做的方法，「不知道要做」就會連要找方法的想法都沒有。「不知道要做」這種無意識的無知，導致團體不知改善求進步，組織喪失危機意識。溫水煮青蛙，不知怎麼死的，就是這種情形。

17

# 打破跨越國界的迷思

自己的好意對方不接受，是對方不解風情？還是我自作多情？這樣的關係要繼續維持嗎？你認為好的，肯定是對方的需求嗎？解決問題不能只站在自己的立場！

今年年初，剛好有機會參加一個研討會，主題是有關企業全球化問題的探討，與會者很多都是上市櫃公司或外資企業的高階主管。每一家企業都有自己的經營理念與策略，對於全球化的觀點當然會有所不同，然而討論中卻都涉及一個共同的話題，那就是「文化差異」。不論企業要進入哪一個國家，都須先針對當地的社會環境和文化特質做深入的研究和探討，不然，在產品規劃、行銷方法，甚至人員的管理上都會出現意想不到的狀況。

在眾多發言和交換心得中，有兩個例子讓我印象深刻，一個是由一位跨國大型零售業集團的高級主管提出的，她說，當年他們集團進台灣設立賣場時，冷凍食品現場烹煮試吃的行銷手段引起外籍主管和本地幹部之間不小的爭論。原因是當初派來的幾位外籍幹部，都是由北美洲調派來台，美加地區的消費者耐心比較不足，要他們排隊等個3到5分鐘試吃，通常意願很低，所以現場烹煮試吃的促銷方式效果不好。（若事先煮好等客戶來，口感又會差很多，吃不出原味，失去試吃的效果。）而本地幹部反而認為，台灣的消費者有耐性、願意等，剛煮好熱騰騰的成品，最容易吸引逛賣場的婦女和小孩。

最後外籍主管拗不過本地幹部，答應找一個周、六日試行，結果試吃的產品業績成長超過50％。

第二個案例雖然和銷售行為無關，卻對於文化差異有很大的啟示。一位企業的副總說，去年過年，他上大學的兒子邀了一位德國的交換學生到家裡過年，吃完年夜飯，兒子就帶著這個同學回房聊天，之後他只看到兒子出來洗澡，到了晚上10：30分，他提醒兒子，請同學去洗澡，大年夜好好洗個澡，把整年的不如意洗掉，乾乾淨淨、舒舒服服睡個好覺，年初一就是一個新的開始，再高高興興地出去玩。到11點，還是沒看到同學出來洗，他又催了一次。11：30他又想再催，兒子最後跟他說，德國都是早上洗澡的，晚上洗不習慣。這就是文化上的差異，我們的習俗，對德國人是無感的。

《孫子兵法‧謀攻篇》有這麼一段內容：

「知勝者有五：知可以戰與不可以戰者勝，識眾寡之用者勝，上下同欲者勝，以虞待不虞者勝，將能而君不御者勝；此五者，知勝之道也……」意思是說：

「有五個方法可以預知作戰是否會勝利：其一為知道什麼時候可以打戰，什麼時候不適合打戰，也就是說對自己的狀況與敵軍的情形掌握的非常精準，知己知彼，當然可以打勝戰。其二是既能指揮大軍團作戰，也能夠指揮小部隊作戰，具有這種應戰能力就會取得勝利。其三是全國上下團結一心，同仇敵愾，就會取得勝利。其四是以有戒備的軍隊對待防禦鬆弛的軍隊，具有這樣條件，就會取得勝利。其五是將帥具有指揮才能而且國君不干預牽制，就會取得勝利。」

上述的內容，若將其用在企業的發展和管理上，也可以這樣詮釋：

「其一：企業擴張要做些什麼？需要什麼樣的產品？能掌握自己的優缺點並深入了解市場的狀況，能清楚分辨什麼該做，什麼不該做？其二：可以有效運用資源，讓組織運作發揮最大管理綜效。其三：建立良好的溝通環境，主管及部屬上下一心，有志一同。其四：能充分做好計畫，掌握執行要點，有萬全準備才能順利應對瞬息萬變的市場。其五：有識人之明，能知人善任，並適當的運用授權，發揮部屬潛能。」

能做到上述五點，企業不論在哪裡，都應會有很好的發展。

企業版圖擴張，知己知彼是很重要的，對當地文化不了解，很難有好的發展。打破跨越國界的迷思，不只是入境隨俗、在地化深耕的經營，還要掌握天時地利人和的因素，創造能結合當地特色的產品及服務，也就是說，企業要做的不只是「攻城掠地」，還要能「擄獲人心」！

**【後記】**

企業擴張要能清楚分辨什麼該做，什麼不該做？要能有效運用資源，讓組織運作發揮最大管理綜效。要能建立良好的溝通環境，上下一心，有志一同。要能充分做好計畫，有萬全準備才能應對瞬息萬變的市場。要有識人之明，能知人善任，企業要做的不只是「攻城掠地」，還要能「擄獲人心」！

# 18 用品質擦亮招牌

再冠冕堂皇的理由，也掩飾不了背後的算計，真誠的面對才能獲得客戶的認同，堅持品質，客戶就不會斤斤計較！

有一年的9月中旬到天津出差，北方已入秋，氣溫約攝氏20度左右，投宿客戶公司附近一家4星級的酒店，第一天因晚到，辦完入住手續進房間已經9點多了，洗澡時發現熱水水量很小，雖不至冷，但總覺得熱水不足。第二天晚上用完餐回到酒店，為了避免碰到昨天洗澡的狀況，特別試了水溫和水量，結果和昨天一樣，於是打電話到櫃臺詢問，酒店派了一位水電工來，檢查後告訴我現在的情形是正常的，目前熱水水壓是這個出水量沒錯。因曾經有客戶被熱水燙到，所以，酒店不敢讓熱水溫度太高，水量也不敢太大，以現在的氣溫，客人洗澡應該不會冷。

多麼冠冕堂皇的理由，真讓人啼笑皆非！水溫是否合適，水量是否足夠洗澡，是由酒店幫客人判定的。這不免讓人懷疑，到底是為客人著想？還是為了節省熱水鍋爐的燃料成本和熱水幫浦的電費？而且水溫、水量夠不夠，應該是要尊重客人的感受，不是由酒店自己來訂標準吧！這樣的品質，稱得上四星嗎？

離開前述天津的酒店後，繼續前往北京授課，地點是北京近郊的一個培訓專用酒店，硬體設備不錯，到達當天氣溫頗高，是典型秋老虎的天氣，入住客房打開空調，竟然發現只有送風，打電話問櫃臺，櫃臺告訴我因北京天氣早冷，尤其是郊區，因此9月中旬冷氣空調主機就已關機，請我打開窗戶，會有涼風進來，不會太熱。聽完說明後，無言以對。

前一陣子整理書櫃，翻到一本收藏的雜誌，裡面的主題之一剛好是採訪一家德國百年的家電品牌美諾（Miele），這個廠牌號稱家電界的賓士，一台洗衣機要價新台幣60萬。然而，憑什麼條件可以賣這樣的價錢？如果你問德國人？為什麼美諾（Miele）的家電這麼貴？德國人會告訴你，他們家的產品用不壞。用不壞這句話說來輕鬆，裡面卻包含了許多的堅持和用心，他們的企業理念追求的不是賺最多錢，而是做出最好的品質，永遠把做到最好放在第一位。

管理學大師「彼得杜拉克」曾說：「企業經營的目的在於創造與滿足顧客。」因為只有滿足需求，才有機會建立客戶的忠誠度。品質是滿足客戶需求的最基本條件，本文提到的兩家酒店，經營者莫不將本求利，避免浪費，希望藉著降低成本創造公司的利潤，但只求利潤，不顧客戶的感受，殊不知，就算短期能增加獲利，但獲利行為卻犧牲品質，拋棄對客戶的誠信，當然會讓客戶失去忠誠度。這兩家酒店這麼不愉快的經驗，很難讓我有再度入住的意願。主事者的短視，忽視飯店該有的品質，其實已嚴重傷害企業長期的發展。這樣的企業當然談不上品牌，也不會有品牌價值。

2008年全球金融海嘯，各國企業受創嚴重，幾乎可說百業蕭條，像德國美諾（Miele）這種高單價產品應該也會受到很大的影響。然而，2008-2009會計年度，美諾的營收只比前一個年度下降0.35%，下一個年度，在全球企業仍在休養生息時，美諾（Miele）卻創下百年來最高的營收紀錄。對品質的堅持，讓這家企業在風暴中屹立不搖，還能百尺竿頭更進一步。

品質是維繫客戶關係最重要的工具，千萬不要為了利益犧牲客戶權利，唯有堅持品質贏得客戶的信任才有品牌價值可言，德國美諾（Miele）家電就是一個最好的例證。

**【後記】**

管理學大師「彼得杜拉克」曾說：「企業經營的目的在於創造與滿足顧客。」因為只有滿足需求，才有機會建立客戶的忠誠度。品質是滿足客戶需求的最基本條件，只求利潤，犧牲企業自認為是無關緊要的品質，不顧客戶感受，就算短期能增加獲利，也會失去客戶的信賴和忠誠。

# 19 見微知著

「只想到自己」和「看不到自己的問題」是阻礙進步的重要因素。以自己為出發點，就容易忽略他人的需求。自私的人，不太可能會有創新的作為！

從南京到杭州的高鐵，時間約1小時10分鐘，上車後找到自己靠窗的座位，然而，我卻坐不下去，位子上都是食物殘渣和用過的餐巾紙，窗台上放著一個空啤酒罐和留有茶葉的紙杯，這是前一位乘客留給我的「禮物」。

隔座的乘客和我一起從南京上車，很熱心地協助我清理。待清理乾淨坐定後，向隔壁的乘客道謝、寒暄，他一下就聽出我是台灣來的，他和台商有生意往來，來過台灣，坐過台灣的高鐵，覺得很乾淨。這個時候，我忽然聞到一陣「鹹魚味」，回頭一看，後面的男性乘客（約30多歲），脫下鞋子，把腳翹在我椅背靠近把手的地方，當我回頭看他的時候，他才很不甘願地把腳放了下來。

隔壁的乘客頭靠了過來小聲地跟我說，大陸人民的水平實在不夠，跟不上硬體建設。我也附和著說，可惜有這麼棒的高鐵，車廂設備也很好，怎麼乘客會這麼不珍惜呢？他接著說，這和大陸苦了很多年有關，一直到最近20年生活才有改善，所以老百姓還擺脫不了以前的習性，很多事都只先顧著自己，不管別人，才會有現在的這種現象。

我很客氣地回他，大陸應該很有機會變成世界第一，可惜的是，剛剛談的這個現象如果沒有改變，要變成第一是很難的。比如說「產品創新」這件事吧！只想到自己，沒能將心比心，看不到別人的需求，體會不到別人的感受，當然無法創造出讓人耳目一新的產品。所以，目前的大陸大都只能模仿，甚至抄襲，到處都可看到山寨的痕跡，卻找不到屬於自己的新特色。硬體建設蓋出來了，內涵卻常常趕不上，可以辦很大的活動，但細膩度總是不足，感覺就是差了一點。

可能我說得太直接了些，這位朋友趕緊解釋，除了苦了這麼多年，還有文化大革命，這場浩劫把中國的很多傳統都破壞了，其實，現在已經比以前好太多了。

我回他說，這些我都了解，確實比以前好很多。但是競爭是不等人的，世界其他競爭者不會因為這個原因就在那兒等著，看到大陸有進步，其他國家會想，如果自己不加快腳步，很快就會被超越，競爭者是在不斷的想辦法要保持領先，而且努力的想把差距越拉越大。

如果大陸社會的中堅分子都覺得目前的狀況是已經盡力的結果，就會減弱想辦法再精進的動力，當然進步和超越就不會跟著來，因為已為自己設限，自我感覺良好。

這就好像在大陸搭飛機一樣，延遲已變成是普遍的現象，搭到一班準點的飛機就可以算是一件很幸運的事。因此，大陸機場對於飛機延遲的處理方式、服務態度，應該是讓客戶感覺很差吧！因為飛機延遲已變成是正常，所以相關人員就不會想要去改變，或做一些讓乘客感覺比較舒服的服務，以補償延遲帶來的不便。所以當不正常被視為是正常時，就不會有進步的動力。

講完這段話，剛好高鐵的座車長來查票，我們就沒有再談下去了。後來想想，我也實在太囉嗦了，改不掉做講師的職業習性，一有機會就講個不停，也不管別人愛不愛聽！說大陸無法創新，是因「只想到自己」，我只顧一直說，不管別人感受，好像也是「只想到自己」吧！講別人之前還是要先做自我檢討。不過我真的覺得「只想到自己」和「看不到自己的問題」確實是阻礙進步的重要因素之一。

【後記】

如果自己都覺得目前的狀況是已經盡力的結果，就會減弱精進的動力，因為已為自己設限，自我感覺良好。如果當不正常被視為正常，就不會有成長的空間。世界的發展，立足於不斷的改變，如果你覺得現在這樣已經夠了，你的世界也就會因此而停頓。變或不變，進步與否？操之在你！

# 20 臨危不亂

時局瞬息萬變，常有意想不到的變化影響企業正常運作。做好基本功夫，循序漸進打好基礎，才能臨危不亂。千萬不要平時該做的沒做，當橫逆來襲才臨時抱佛腳，很容易左支右絀、窘迫不堪，甚至節節敗退，棄甲曳兵。

一位台商海外廠的高階主管在課間中餐休息時，向我提出一個問題，希望我能給他一些建議，問題是：廠商向台北總公司發出一份匿名的密函，檢舉海外廠的某些不合理狀況，請教我如何處理？我聽完他的說明後，就直接問他，是不是因為採購的問題，他說是的。根據個人過往的經驗，這樣的匿名信函會寄到台北總公司，而且會受到總公司的重視，一定是很關鍵性的問題，通常原物料的採購比較有機會產生這種現象。該位主管又告訴我，他才調來不久，人生地不熟的，擔心處理不當會惹來很多麻煩。

採購部門是最容易引起紛擾的單位之一（尤其是廉潔問題），常涉及龐大金額，就算人員操守沒瑕疵，也會因供應商為了爭奪市場，帶來許多無謂的困擾。尤其是海外廠，派駐當地的主管常會因此傷透腦筋，有時還會無端的被牽扯在內。

當公司成長到一定規模後，分工授權是繼續發展的必經途徑，在分工授權的同時，公司也會制訂相對的管理制度，以維持組織運作順暢並防止弊端產生。內部稽核制度就是這些管理制度中最重要的項目之一。然而，由於內部稽核人員常會在稽核工作結束後提出報告，報告中會將不符合制度規範的問題指出，此舉非常容易得罪人。因此，常會被認為是來找麻煩的，不受歡迎，而且各部門也經常做些表面工作敷衍稽核，使得整個制度無法落實執行。

其實，這些內部管控制度是維持各部門口常有效營運的重要工具，其中的規定大都是可長可久的作業規範，若能徹底執行，對組織健全發展有非常大的幫助。但各部門常因擔心被找出瑕疵問題，對於稽核防備多於配合，白白錯失打穩管理基礎的機會。

上述案例，我對該位主管的建議就是和稽核部門聯繫，請其對廠區的採購流程做深入的查驗，以徹底了解是否按公司規定辦事？若有不符之處，立即改善，防止弊端。若沒有問題，也不必擔心有人發函密告。遵守制度，把日常工作循規蹈矩做好，就不必害怕有臨時的變局。

前一陣子，有幸參與了一家零售業領導品牌的培訓活動，該活動由公司的副總經理開場，副總經理提到，前幾天花東地區頻傳地震，她常會在一大早就打電話連繫花東地區的主管，詢問有無損失，尤其擔心店裡展示的玻璃瓶裝產品會因地震摔破。然而，讓她很安慰的是，幾乎沒有這類的損失，而且主管們還回覆，只要按照公司的規定執行，玻璃瓶裝產品倉庫庫存不准有超過兩箱高度的堆置，都不會受地震的影響。這件事給這位副總經理很大的安慰，公司主管都能按照規定行事，減少很多因外來變故衝擊所帶來的損害。

現今時局瞬息萬變，常有意想不到的變化影響公司正常的運作，如何臨危不亂？是企業應付變局的首要工作。其實，做好基本功夫，循序漸進打好基礎，就是臨危不亂最好的工具。俗語說「攘外必先安內」，內部穩定，才能全心對付外來的橫逆。

《孫子兵法．九變篇》有這麼一段內容：

「故用兵之法，無恃其不來，恃吾有以待也；無恃其不攻，恃吾有所不可攻也。」意思是說：

「用兵的法則是，不要寄望於敵人不會來，而要依靠自己有萬全的準備，嚴陣以待；不要寄望於敵人不會進攻，而要靠自己有敵人無法攻破的力量。」所以，按部就班，打好基礎，才能臨危不亂。

## 【後記】

《孫子兵法・九變篇》：「故用兵之法，無恃其不來，恃吾有以待也；無恃其不攻，恃吾有所不可攻也。」立足競爭激烈的環境下，充分了解你究竟將與什麼樣的敵人作戰，知己知彼，要有這樣的準備，才能戰無不勝，攻無不克。

# 21 老大要帶我們去哪兒？

當公司的要求和自己的利益衝突時，站在公司的立場看事情，才會認真去思考怎麼做才是對你、對大家、對公司最有利，也才不會做出錯誤的抉擇。有時需要跳脫自己的立場，才能真正的做好自己。

這次是擔任一家成長快速的新興科技公司的培訓講師，學員是公司的業務團隊，是一個年輕、有活力、衝勁十足的團體，有使命感、內聚力強、服從性高。上課前，人事主管宣布了幾個要求，然後順理成章的把大家的手機收起來，學員們竟然都沒有半句怨言，令人訝異也令人佩服。

上課時大家用心參與，討論熱烈，凡事人都能以解決問題為優先，重視人與人之間的互動，可以感受到是個深具前瞻性的團隊。然而在個案研討的某個案例討論中，學員們發生了強烈的爭論，也讓這個團隊的隱性問題浮上檯面。

案例的內容是說：A部門內某個資歷深且表現優秀的員工，得知在公司裡的B部門有個主管職位出缺，員工找上A部門主管，希望主管協助他爭取這個職位，主管認為這個員工的能力確實足堪大任，只是該員工卻占了A部門KPI（關鍵績效指標）的40%，在這種情形下，幫不幫這個員工爭取，委實困擾了這個主管。

參加培訓的學員討論時分為兩派；一派是選擇「留下該員工」，並許諾未來要給他更好的機會，另一派是選擇「協助該員工爭取」。

選擇「留下員工」的學員主要論點是：該員工佔了部門KPI的40%，離開肯定影響部門績效，所以應先想辦法把他留下來，以後再另外找機會彌補他。

選擇「協助員工爭取」的學員認為：員工的職涯發展領導人必須重視，而且只是在公司內調動，能幫忙就盡量幫忙，況且承諾以後給他更好的機會，是不是能做到都還不一定，只是畫了一個餅而已。

很明顯，這個案例凸顯了該公司的業務團隊，在員工職涯發展、部門及公司間的利益衝突，孰輕孰重？有了迥然不同的看法。從討論中，也進一步發現：主張「協助該員工爭取」的學員大都是基層幹部，主張「留下該員工」的有很多是擔任高階主管。

整個討論最後在一位區域高階主管的發言後結束，他講的內容是：

「我現在是用師父的立場發言，這是師徒的對話，以實務經驗而言，一位很重要的部屬要到其他部門去，你怎麼可能輕易的讓他走？一定是盡全力留人，我們內部也曾有過這樣的案例，所以，留人是首選。」

在這位區域老大講完後，因很多選擇「協助該員工爭取」的學員是他帶出來的徒弟，所以大家就都沉默不語。

學員們發言結束後，我拋出了幾個問題：

1 留下該員工，他的職涯發展受到阻礙，績效還會繼續保持嗎？

2 你為他做的安排會是他想要的嗎？

3 為什麼對這個員工的職涯發展不是早有計畫，而是等他想去其他部門發展時你才提出？現在提出這個想法，員工會有什麼感受？

4 不幫這個員工爭取，留下該員工，假設有其他公司來挖角，他會不會被挖走？

此時選擇「留下該員工」的學員們一時也答不上來，因這些問題發展的主控因素不是時機已經過去了，就是他們現在沒有掌控權。其實，不換位思考，很難走出以自我為中心的思維。最後，我以「如果你是公司的領導人，你會如何處理這個問題？是站在公司的立場？還是部門的立場？提升高度，才能讓大家看清事實做正確的決策」，當為這個討論案例的結語。

這個企業能快速成長，業務部門的高階主管們個個都有顯赫的戰功。會有這樣的戰功，主管能和部屬同甘共苦，善待子弟兵，凝聚團隊力量等，都是很重要的關鍵。師父帶著徒弟們在驚滔駭浪中拚搏，為公司業績搶下一個個的灘頭堡，功不可沒。然而，在這種師徒、哥兒們意識強烈的氛圍下，認師父、認老大就很容易成為普遍的現象，「一日為師終身為師」，「老大你去哪，我們就去哪！」

然而，當師父、老大的利益和公司利益衝突時？當師父、老大的想法和公司政策不符時，會有什麼樣的情形發生？好的師父、老大會站在公司的立場，帶著團隊服膺公司領導。而想不開的師父、老人，不理智的行為卻常常會弄得兩敗俱傷。然而，殊不知師父、老大能縱橫沙場屢立戰功，大老闆的信任、授權，公司資源的配合協助，都有密切的關係。若認為這些績效都是自己的功勞，甚而擁兵自重，形成部落林立，山頭割據，這絕不是公司永續發展所樂於看到的。

如何調和功臣和公司間的關係製造雙贏，是公司領導人和相關人力資源部門需要用心去面對的問題，一定要有未雨綢繆的規劃，千萬不能有見招拆招，船到橋頭自然直的想法。同時這些戰將，功臣們也要懂得感恩、謙虛，萬萬不可因一時的成功而恃才傲物，否則很難再有創造另一個高峰的機會。

**【後記】**

戰將能縱橫沙場屢立戰功，老闆的信任、授權，公司資源的配合協助，都是成功背後的重要因素。若認為這些績效都是自己的功勞，擁兵自重，恃才傲物，這不是公司樂於見到的，也很容易造成自己無法弭補的傷害。功臣們要懂得感恩、謙虛，才有機會續創職涯的另一個高峰。

# 22 用心的品牌，信任的商機，經營的保證

苦民之苦，憂民之憂，走到群眾中去傾聽民意，才能真正地掌握需求，做出合乎客戶喜好的產品或服務！

去年年底，因為至親長輩住院，一週幾乎要跑醫院三至四趟，每次都會待上好幾個小時，因此，吃飯就會在醫院內或醫院附近解決。這家台灣首屈一指的醫學中心，印象中地下室有一美食街，人聲鼎沸，吵雜不堪。其所謂的美食，味道不怎樣，吃個一兩次，很快就膩了，常常需到醫院附近餐廳去找吃的！

然而這次再到這家醫學中心的地下美食街，整個感受完全不同，很多

小吃美食的知名品牌都進駐了，整體的設計高雅舒適，從用餐的桌椅、燈光、裝潢設計到全球知名咖啡連鎖店、日式麵包店、便利商店、書店、禮品店等，都讓人耳目一新，完全不亞於知名百貨公司的地下美食街，甚至更乾淨、整潔、明亮。若不說是在醫院，很容易讓人有身處百貨公司的錯覺。

聽說這個美食街是在去年被不同的廠商標下經營權，該廠商不僅將用餐環境精心設計裝潢，邀請知名美食品牌進駐，而且創造了不同的氛圍，讓顧客到這個場所用餐，不覺得是身處醫院，這對病患和家屬而言確是個轉換心境的好方式。

醫院的餐廳，傳統上只是在供給病患和家屬用餐，其氛圍也常會帶著些許淡淡的憂傷，因為住院或看病總是讓人心煩，在此用餐，終究不會有愉悅的心情。這幾年大型的醫院或醫學中心，雖然在這方面有所改善，但仍只是一個多了些吃食選擇、裝潢設計較現代化的醫院餐廳。對病患和家屬而言換湯不換藥，就只是來解決飢餓的民生問題。美食，談不上，心情，一樣憂煩。

現在這家醫學中心的地下美食街，進駐了被精心挑選的美食小吃，用餐氣氛變得輕鬆、自在，有說有笑，原來醫院常會有的憂愁感，在此似乎不復見。來用餐的，除了病患、家屬和醫護人員，也有不少是來此洽公的，邊吃飯邊討論公事。看見晚輩推著坐輪椅的長輩，一攤攤的問，吃這個好嗎？吃那個好嗎？長輩好像是被帶出來逛街的，期待在這裡能吃到些不一樣的餐點，到美食街來走走，多多少少可減輕些住院時帶來的煩悶。

為何新的承包商可以將醫院的餐廳經營成像百貨公司的美食街？深入了解用餐人的需求，體會顧客的心境，是很重要的因素。因為能體會病人和家屬的感受，才有機會為他們提供不同的用餐環境，也才能為他們創造新的需求（除了用餐，還有麵包點心、咖啡、書籍、禮品等）。另外，取得美食商家的信任，說服商家在此投資設店也是非常重要的。要讓商家能在此獲利，就要站在他們的立場著想，結合顧客的需求，幫商家製造有利的經營條件與環境，只要能賺錢，商家就願意跟著你走，信任你。當商家願意跟著你，你就會逐漸變成是一種品牌，只要是你經營的商場，商家都知道會有利可圖，顧客也知道會有好吃的、好買的、好玩的，大家都願意跟著你走。

這個承包商創造顧客、商家和經營者的三贏，同時也累積了經營者的品牌知名度。我覺得這是用心的品牌，創造信任的商機，成為經營的保證。

【後記】

品牌的影響力，主要是來自客戶長期的信任，而非無止境的廣告。用心體會客戶的感受，才能提供合適的消費環境，甚至創造新的需求。經營企業要從互利的思維著手，而非只想著如何賺客戶的錢，如此獲取的是真正信任，彼此的關係才能長久維持。

# 23 不懂裝懂

不懂並不可恥，也不會因為不懂就降低了自己的身分和地位。每個人都是在不懂的環境下慢慢學習，重點在於你是否能用心的將不懂的徹底弄懂，不斷進步！不懂裝懂掩飾不了無知，更容易重複犯相同的錯誤！

前些日子到國內一家知名的電子消費性產品連鎖店購買除濕機，一進門就有位服務員過來親切介紹，我看中一台國產品牌，一天可除8公升水的除濕機，為了弄清楚功能，就問這位服務員一天可除8公升的意思是什麼？服務員告訴我，該機除濕達到8公升後會自動停止，然後24小時後才能再啟動，主要目的是為了安全，防止機器因使用過當發生自燃造成火警。

聽了解釋後我覺得怎麼現在的機器設計會這麼不方便？雖然這幾年陸續有除濕機過熱造成火災的新聞，然而為了安全應該有其他方式防止過當使用，而不是停機24小時吧！我再進一步追問，其他品牌也是這樣嗎？這位服務員告訴我，都是這樣設計的。經過他的解釋，原想買除濕機的我頓時打了退堂鼓，我不想買一台這麼不方便的機器。

回家後我越想越疑惑，上網查了資料，一看，才知是被一個不懂裝懂的店員給矇了，一天除濕8公升，指的是壓縮機運轉24小時最多除濕8公升，至於安全問題各廠牌有不同的過熱保護裝置，該店店員講的完全是胡謅。最後，我還是買了一台除濕機，只是不在原來看的賣場買，而是到他的競爭對手的店裡買。這位店員不懂裝懂，傳遞錯誤訊息，因為他不負責任的行為，丟了一筆生意，喪失了客戶的信任，也讓公司的專業受到質疑，當然，也因此失去了客戶的忠誠度（今年已在該店買了一台NB、一台冰箱、一台烤箱）。

這種情形不只發生在商業的買賣行為上，在公司內部也經常會發生，尤其在上司和部屬之間。

上司是部屬很重要的內部客戶，獲得上司的信任在職涯發展上是非常重要的，因此，每個部屬都希望能在上司面前將自己最好的一面呈現出來。然而，有些部屬在和上司討論事務時，對上司的意見、決定有疑惑或是不清楚，為了不讓自己的短處曝露，或因擔心上司會生氣，有時會不懂裝懂，不敢追根究柢的問下去。這種行為方式不僅失去了從上司身上學習的機會，也很容易讓上司認為你已經懂了。然而，同樣的情況如果再度發生，你因為前次沒弄懂，事情依然處理不好，仍然抓不住上司要的，看在上司眼裡，是你「怎麼教都教不會」，「重複的犯同樣的錯誤」，這種情形很難獲得諒解，也會大大的減低上司對你的信任。

沒有人是萬能的，大家都是由不懂出發，因此，不懂並不可恥，也不會因為不懂就降低了自己的身分和地位。每個人都是在不懂的環境下慢慢學習、成長，重點在於你是否能用心的將不懂的徹底弄懂，並不再犯相同或類似的過錯，讓上司覺得「孺子可教也」！覺得你是個不貳過的部屬，而不是「朽木不可雕也」。

孔子在《論語．為政篇》提及：「知之為知之，不知為不知，是知

## 23.
## 不懂裝懂

也。」意思是說「知道的就說知道，不知道的就說不知道，這才是真知。」因為不知，才會讓自己的知增加，讓不知成為知的開端，才有機會不斷的精益求精。千萬不要不懂裝懂，混水摸魚，白白斷送學習的機會，也讓上司覺得你不求上進，失去對你的信任。

**【後記】**

孔子在《論語・為政篇》提及：「知之為知之，不知為不知，是知也。」因為不知，才會讓自己的知增加，讓不知成為知的開端，才有機會不斷的精益求精。

# 24 服務深，體驗深，關係深

現今企業生存發展的最大重點不在於是不是運用互聯網的電子商務，而是在能否掌握與客戶的聯結，商機需要滿足生活上的方便，才能吸引客戶長期且慣性的使用。

互聯網的興起，創造了電子商務市場蓬勃發展的契機，有些企業搭上這股風潮，創新商業模式，同時也創造出屬於自己的價值：1994年7月創建的亞馬遜（Amazon），1999年成立的阿里巴巴，都是在這個環境下誕生的優良企業。他們的品牌價值和每年的營利，都躍居世界前茅。現在，如何運用電子商務，已成為企業成長必修的重要課題。

然而，是不是每個行業都能夠運用電子商務的模式經營業務？這並不盡然。而不用電子商務營運，是否就表示沒有競爭力，未來難以生存發展？這可能也不盡然。這個問題在現今各行各業都擠破頭想在電子商務上占有一席之地的環境下，是相當值得探討的，我們就以台灣的便利商店當做案例，看看是否真的不做電商就會喪失競爭力？

2300萬人口的台灣約有1.2萬家的便利商店（2020/12），也就是說平均約每2000人就有1家，密集度幾為全球之冠（和南韓、日本互有領先），這些便利商店提供的產品和服務應有盡有，除了販售零食、飲料和日常用品外，早、中、晚餐皆可供應熱食，咖啡更是非有不可。近幾年也大力加碼翻修用餐區，不僅提供舒適的空間，還有各式各樣的菜色，如日本拉麵、韓式泡菜鍋和青醬義大利麵等等，宛如一家便利餐廳。除了吃的、用的之外，台灣便利商店還提供多元化的服務：物流、金融（有ATM）、繳稅費、影印、洗衣送取、買火車票、高鐵票及演唱會門票等等。

根據公平交易委員會和經濟部統計處的資料，台灣便利商店2019年度來客人數達30.64億人次，年營業額高達2530億元。這是個多麼龐大的商機，然而，電子商務在這個商機中卻沒有扮演很重要的角色，其實，就算沒有電子商務，這些便利商店的生意仍可做得有聲有色，紅紅火火。

為什麼台灣的消費者這麼喜歡便利商店（平均每人每年光顧130次，每次消費約83元）？因為日常生活上的需求，從三餐到咖啡到高鐵票，都可在此得到滿足，便利商店的服務很深入。服務人員親切的招呼，推陳出新讓人驚豔的產品（香味撲鼻的健康食糧「烤番薯」，夏季消暑可口的霜淇淋……等），便利商店的體驗令人印象深刻。都會區的民眾只要一出門，不論在街頭或巷尾，便利商店就在你身邊，就算到郊外、山上、海邊的觀光風景區，仍然可以享受便利店的服務，便利商店和消費者的關係深厚，常相左右。便利商店能夠擄獲人心，就在他們和消費者的聯結夠深；也就是對客戶服務深入，讓客戶體驗深刻，和客戶關係深厚。

觀察這個和我們生活息息相關的零售行業，我們可以得到一些啟發：現今企業生存發展的最大重點不在於是不是運用互聯網的電子商務，而是在能否掌握與客戶的聯結，互聯網並非是產生聯結的唯一管道，其他管道只要聯結得好，是不是依賴電子商務，並不是最大的關鍵，上述的便利商店就是如此。

Nokia的強大通訊功能手機，原是無人能與之匹敵，然而在iPhone上市後，卻迅速讓Nokia手機的銷售一蹶不振，原因就在消費者要的不只是通訊功能，消費者更需要一個能讓生活更方便的行動載具，所以Nokia擋不了形塑生活平台功能的智慧型手機。電子商務發掘了商機，但這樣的商機需要滿足生活上的方便，否則僅僅依賴互聯網的聯結，並無法吸引客戶長期且慣性的使用，結果就可能會像Nokia的手機一樣空有優秀的通訊功能，卻仍抓不到客戶真正的需求。

客戶不一定要在互聯網上消費，也不一定在乎你是否具有電子商務的功能，而是誰和客戶的聯結關係夠深，客戶就投向誰的懷抱。聯結深的，扶搖直上，聯結不夠深的，雖然很努力地想將產品或服務提供給客戶，然而抓不到重點，還是得不到青睞。

**【後記】**

台灣的便利商店服務人員很親切，消費體驗令人驚豔，而且商店隨處可見，非常方便。他們的服務深入，體驗深刻，和客戶關係深厚，超頻繁的需求接觸，就成為人們生活不可或缺的一部分。

# 25 學習向前看

不要讓自己的未來被過去綁架，「從前種種，譬如昨日死；以後種種，譬如今日生。」應該要懂得剔除「沉沒成本」往前看，只要認清未來對自己有幫助，就勇敢的努力追求。

小王去年從爸爸手上接下公司，這幾年因訂單太少，公司一直虧損，爸爸年紀已大，身體又不好，小王為了分擔父親的辛勞，接下了虧損中的公司。小王上任後也是接不到訂單，原因是給客戶的報價太高，小王用心的把成本算過一遍，終於發現報價太高的原因。

3年前公司買了一台高價的新機器，是準備接另一高規格產品的訂單，可是這個規格雖然效率較高，但因相當耗電，被相關單位排除在節能的名單之外，因此下訂單的客戶急速萎縮。可是在計算生產成本時，固定成本都將這台幾乎沒在運轉的機器計算在內，所以報價總是比別人高。小王覺得繼續再用這種方式報價，訂單肯定還是接不到，應該先把3年前購買新機器的成本剔除，才會顯現接單真實的成本。

小王公司3年前購買高規格機器的成本，從管理會計的角度看稱為沉沒成本；沉沒成本是已經發生且不會因目前或將來的任何決定而改變的成本，所以在做決策時，應該排除沉沒成本。但，實際上沉沒成本的影響卻一直存在著，有時在工作環境上，有時在日常生活中，有時在商業行為上。

去年，一位學弟來找我談他的職涯規劃，剛好現在有一個機會可以轉職，而且新的工作正符合他的興趣（薪資和原工作差不多），但他卻放不下過去10年的努力。我問他留下來會比較能發揮所長？還是轉職比較能發揮所長？留下來會比較快樂？還是新職就任會比較快樂？他覺得到新的工作去雖然薪資沒有差多少，但卻是海闊天空。我勸他把過去放在一邊，先考慮怎麼做，對自己的未來才會比較有幫助？最後他選擇了到新公司任職。前一陣子他打了個電話給我，經年難治的胃潰瘍居然無聲無息的就好了，我跟他說，心情愉悅治百病，你轉職轉對了。

社團友人的小孩在國中就讀，正值青春期，個性有些叛逆。上個月這位友人到家裡作客，一直對孩子過去沉迷電玩遊戲耿耿於懷，談不了三、兩句話，就把這件事提出來講一次；說學校考試情形要數落以前玩電玩，說早上賴床也要數落以前玩電玩，說沒幫忙家事倒垃圾，也要數落以前玩電玩。我開玩笑的說，連我聽了都快受不了，我看小孩耳朵也都長繭了吧！

曾在臉書上看到一位企業界前輩發表過這麼一段感想：公司能否長久發展，取決於營運內容是否能夠持續為顧客、為社會創造價值，而且可以表現得比對手更優秀。有些企業因為擁有輝煌的歷史、傳統和龐大的組織，卻因沒有跟上時代的變化，過分沉浸於過去成功的經驗，而無法持續滿足新產生的需求，創造新的價值，最後逐漸走上衰敗，終被淘汰。像柯達、Nokia、百視達等知名企業，就都嚐到了極其慘痛的教訓。

上述「擁有輝煌的歷史、傳統，過去成功的經驗」，指的就是沉沒成本。過去努力的心血，雖曾帶來成功，但如果跟不上時代的需求，很快就會變成沉沒成本，而且如果不小心也會變成是未來創新的障礙。

我們常會被過去發生或努力過的種種事物影響，導致對未來做出不理智的判斷。其實這些過去，對未來已不產生實際作用，但心理上的障礙卻總是牽絆著我們的決定。要學習「往前看」，就算無法完全捨棄，也不要讓自己的未來被過去綁架，要懂得立即停損。

布袋和尚說：「放下布袋，何等自在。」明朝袁了凡在《了凡四訓》中說的：「從前種種，譬如昨日死；以後種種，譬如今日生。」應該都是在勉勵我們要懂得剔除沉沒成本，「往前看」，只要認清未來對自己有幫助，就該勇敢的努力追求。

## 【後記】

企業能否長久發展，取決於是否持續為顧客、為社會創造價值，而且能超越對手，有更優秀的表現。過去擁有的輝煌歷史、傳統和龐大的組織結構，如果沒有跟上時代的變化，無法持續滿足新產生的需求，就應被淘汰。眷戀過往，容易讓企業裹足不前，走向衰敗。

# 26

# 從小處著手

努力協助別人解決問題，認真對待每一件事，用心處理每個過程，碰到困難堅忍不拔，勇於面對，未來才會有貼近人心、可大可久的創新。

今年8月有幸受邀成為一家大陸知名化妝品公司的培訓講師，培訓開場致詞的是該企業的總裁，總裁引用了一個生活上的例子和學員分享。暑假期間太太的姊姊帶著孩子到家裡來渡假，同時希望有機會能讓孩子到公司去見習，增加一些歷練。這原本是個舉手之勞，但總裁並沒有爽快的答應，而是開出條件，他要求這個姪子早上要早起跟他一起鍛鍊身體，如果能連續一週不間斷，才安排他去公司見習。

總裁向培訓學員們解釋為什麼要這麼做。他說其實一週早起是不夠的，要不是因為到家裡做客的時間不長，他會要求一個月，因為習慣的養成需要耐心、毅力和時間。他會這麼做是發現以前姪子到家裡作客，每天都睡到10點過後才起床，他覺得早晨這麼棒的時間用來睡覺，太浪費了，若對自己沒有要求，假期就這麼懶散過日子，以後進入社會怎會有奮發向上，努力不懈的拚勁呢？所以，他希望藉這個機會給孩子一點磨練，希望對這個姪子能有所啟發。

總裁認為，一個人是否功成名就，從日常生活態度的小細節就可以看得出來，若連起碼的早起都處理不好，很難奢望未來有大成就。聽完這番開場致詞後，深有同感，也甚為佩服這位總裁的睿智。確實，事業有成的領導者，通常都律己甚嚴，尤其是在生活的小細節上，一絲不苟，井然有序。

筆者這幾年在大陸各大城市穿梭，經常有機會近距離觀察百姓們的習性，有這麼點感受：他們處理事情時，本位主義很重，都是從自己方便著手，很難顧慮別人的感受，例如插隊、隨地吐痰、公共場所高聲喧嘩，搭電梯無法先出後進……等，這些不自覺的行為，其實對大陸的發展有非常深遠的影響。

大陸這幾年發展迅速，突飛猛進，然而卻無法看到令人眼睛一亮異於歐美的的創新。互聯網雖然發達，電動車普及率也越來越高，分享經濟越來越夯……等，細看之下，會發現都是跟著歐美的步調，只是在政府的支持下，快速成長。屬於自己中國特色的創新，卻是少有，以大陸成為世界經濟火車頭的背景，這樣的情景確實令人惋惜。

經過筆者細究，文化大革命留下來的遺毒影響甚鉅，因為在那個年代誰都不能信，誰都可能為了生存出賣你、鬥爭你，所以你只能相信自己，在那十年當中，大家養成自私自利的習性，所以經歷過那段歲月摧殘的人們，教導子女如何保護自己就自然而然地成為家庭教育中最重要的事。而且後來大陸政府為了抑制人口過度成長的一胎化政策，讓孩子都被寵成了小皇帝，眼中只看到自己，看不到別人。歷史的悲劇加上人口政策，造就了本位主義橫行的社會現象，雖然在改革開放後普遍激起了百姓們奮發向上的意志，但這些常都是建立在利己的本位主義之上，很難顧慮到別人的感受。

現代的經濟發展幾乎是由創新和努力不懈的工作精神所建構起來，要能換位思考，將心比心，發現別人的不方便，設想別人有什麼需求？在努力協助解決別人問題時，才會有貼近人心可大可久的創新。如果從小就養成以本位為中心的處事態度，就只會看到自己，目光短淺，急功近利，甚至剽竊抄襲，當然就無法創造讓人耳目一新的產品或服務。

努力不懈的工作精神，基礎就是建立在前述總裁要求姪子早起，培養好習慣之上。養成好習慣，日後才能認真對待每一件事，用心處理每個過程，碰到困難能堅忍不拔，勇於面對。不論創新或工作精神，都是要由小處著手，小處不滲漏，暗處不欺隱，穩紮穩打，才會有機會建立可長可久的基業。

**【後記】**

是否功成名就，從日常生活態度的小細節就可以看得出來；養成好習慣，小處不滲漏，暗處不欺隱，律己甚嚴，一絲不苟，做事井然有序，當然可以有一番不同凡響的作為。

# 27 修煉好掌握細節的功力

想做就要有做好的決心，千萬不要弄得「為德不卒，反受其咎」；半吊子的事，既討不了好，還招來埋怨。表面看來是很委屈，實際上是該做好的沒做好！

「魔鬼藏在細節裡」是企業在管理上耳熟能詳，琅琅上口的基本概念，重要性不言可喻，然而能真正做得好的卻不多。下面的例子，一正一反，恰可提供參考。

因工作關係，常在大陸各地商務旅行，幾個月前入住上海一家四星級的酒店，大廳富麗堂皇，櫃臺服務人員彬彬有禮，房間寬敞，光線明亮，整理好行李，喝了一口飯店提供的礦泉水，準備稍事休息再出門吃晚飯。無意中看了一下礦泉水的製造日期，這一看著實讓我嚇了一跳，礦泉水再過一週就到期了！

出門用餐時向櫃臺反映，前台經理誠摯的致歉，表示將馬上請人幫我更換。回酒店後，發現已幫我換了礦泉水，不過日期卻是這個月底到期的，真令人傻眼！

管理就是要做好細節，細節做好才能讓客戶享受細膩貼心的服務，相信該酒店不會刻意提供即將到期的礦泉水，重點在主管們可能都不知道，倉庫的礦泉水安全期限是否已到？因沒有管到這麼細。

又有一次住在北京市中心新開幕的商務酒店，該酒店強調精緻的服務；房間冰箱有免費的果汁、可樂、運動飲料和餅乾，晚上10點一樓餐廳還有提供免費消夜，這些體貼的措施讓入住的客人備感窩心。然而在第二天上午7：30過後，因客人退房，呼叫服務生查房和打掃的對講機聲音此起彼落，想要多睡一會兒都沒辦法。對講機裝上耳機不會很難吧！原因在忽略細節，然而這樣的細節失誤，吵醒了原本可以多睡一會兒的客戶，想想，以後還會再來嗎？

好的酒店是需要訓練有素的接待，也需要感覺舒適的的迎賓大廳，然而更重要的是客戶居住的需求：乾淨、安全衛生和好的睡眠品質。上述兩間酒店，表面服務很到位，卻忽略關鍵的細節，忽略細節很容易失去客戶的信賴，服務要能替客戶著想，只重表面功夫足抓不住客戶的心。

因為互聯網的興起，對很多實體店面產生致命的威脅，有規模的連鎖零售業也紛紛效尤，建立平台做起互聯網生意以防止客戶流失，然而能真正做成功的並不多，落得實體和虛擬店面雙雙虧損的卻是不少。其中最大的原因，就是抓不住客戶真正的需求，重點也是由細節衍生出來的。

方便是客戶消費的重要考量之一，曾在互聯網購物，要的就是方便，網站的設計會讓上網的客戶很容易搜尋到他想要的商品。所以，實體店面更是要如此，才能有機會留住原有客戶和吸引互聯網上的客戶。有家世界聞名的快速時尚服飾連鎖品牌，實體和虛擬店面都有經營，每年獲利屢創新高，最值得學習的是實體店面；進入這個品牌店面購買衣物，當你挑好褲子時，你會很快的發現旁邊就有可以搭配的上衣，挑好上衣，也會很快的發現搭配的鞋子就在附近，因此，要買的衣物都可以一次性的在店裡搞定，購物經驗愉快，而且很可能越買越多（衝動購物）。

能有這樣的效果，都在重視細節的關鍵思維上：在店面衣物展示及購物流程的設計，不是把新產品占滿每個櫃位的前頭，而是以客戶的需求，合適搭配方便挑選為主軸，讓客戶有柳暗花明又一村的喜悅。業者能換位思考，在細節上貼心安排，客戶當然越買越衝動！

酒店和互聯網是兩個關聯性不大的產業，然而在上述的案例中，都面臨著由細節來主導成敗，所以在管理上，總是會流傳著許多魔鬼藏在細節裡的故事。在這經濟情勢變遷快速的環境下，要擁有比別人更強的競爭力，掌握細節的功力不得不好好修煉！

【後記】

細節是工作進行中，因著邏輯衍生出來的過程，這些過程似乎沒有結局重要，但通常沒有這些過程就不會有好的結局。在繁忙中，我們常會抓大放小，不去細究小細節帶來的影響，但也忽略了，沒有這些小細節，通常成就不了大重點，所以西諺會說：「魔鬼藏在細節裡。」

# 28 積非成是，顛倒是非

同情弱者是社會具有憐憫之心的常有現象，但濫用同情，卻也常導致是非錯亂，義理不彰，本文中的三個案例，都有類似情境，值得細細斟酌。

最近遇到幾件事情，讓我有很深的體會，在此和大家一起分享。

社區的環境清潔係由一清潔公司承包，晚間下班時間是9點，有鄰居看見這兩天清潔人員（單親女性的外配）都是8點40分就離開，因此向社區管理委員會反映這件事。管理委員會總幹事找來清潔員當面質問，表示若是真的早離開，就要扣錢並向清潔公司投訴。

哪知清潔員一把鼻涕一把眼淚地哭訴，因為這兩天家裡沒大人，她要早一點回家照顧小孩，所以8點40分離開，她中午提前20分鐘來，也沒有耽誤工作，之前的清潔員也是有事就早來早走，都沒有人講話，為什麼輪到她就有問題？看見她哭得這麼傷心，家庭背景又這麼辛苦，事情就這麼不了了之。

住家附近的舊公寓住宅，上週也發生了一件驚動鄰里的事件，有位婦人站在頂樓加蓋鐵皮屋的圍牆邊，作勢要往下跳，抗議市政府的違建拆除大隊要來拆她頂樓加蓋的違建。

這婦人高聲嚷嚷，說這違建蓋了快10年，以前就算被查報，也只是來個公文就沒事（其實公文是要求自行拆除，只是主管部門後續沒有追蹤），現在為什麼說拆就拆？是不是這屆里長選舉，支持舊里長，得罪新當選里長？這是秋後算帳！這事情鬧得還不小，上了地方有線電視台的新聞，這里長也真夠倒楣了。

前一陣子幫一家陸資零售業客戶上課，中午吃飯同桌的學員就談到一件他認為很倒楣的事。原來，公司和經銷商的協議是貨款要在每個月的15日以前匯到公司戶頭，但有時難免會因經銷商內部作業晚個幾天。通常因為是老客戶，過去的生意往來都沒發生過任何問題，銷售人員也不太會為了晚個3至5天就去催收老客戶的帳款。

然而，上個月公司內部開了一個會，財務部提出銷售部門的貨款回收準確率低，比應回收的日期平均晚了10天，個別看這也不是什麼大事，但以整年的營業額來看，貨款晚收10天，這就是個大數字，10天的利息損失是不少的。總經理也很認同財務部的看法，因此要求銷售人員要準時回收貨款。

理性的經銷商接到準時匯貨款的通知，都是依要求時間匯款。但有些經銷商就會認為是銷售人員找麻煩，為什麼以前都沒問題現在就盯這麼緊？甚至還有到銷售總監那兒去質問，說是不是公司不想再合作，要藉機逼走不想要的經銷商？整個事情鬧得沸沸揚揚的，當然事情還是擺平了，也按照公司要求準時匯款，只是就要找幾個銷售人員出來當代罪羔羊，這個和我聊天的學員就是其中之一。

社區清潔員提前下班，地方政府拆除違建，公司要求經銷商準時匯貨款，這三件事表面看起來風馬牛不相干，怎麼湊在一起談呢？確實這都是不同範疇的獨立事件，但背後都隱藏著相同的弊病：主事者不尊重制度，管理不當。

準時上下班是基本要求，社區對清潔員上班時間根本沒有掌控，導致清潔員自行調整時間，認為只要做足8小時即可，事情錯就錯在該管時沒管，這個單親外配的哭訴很容易引起同情，當想管時卻已管不動。拆除違建也是如此，既然有人舉報，也查證屬實，就該執行政府的法令，拖延並不能解決問題，到最後，婦人要跳樓，模糊整件事的焦點，對的事都變錯了。公司要求經銷商準時匯款，這在雙方協議上是寫得清清楚楚的，但由於一時的通融，最後演變至公司背黑鍋。

這些亂象都是起因於怠惰職守，不尊重制度，主事者把該做的事情，該執行的制度擺在一邊。古語說：「沒有規矩，就不能成方圓。」法規制度是需要落實執行的，而不是在有爭議時才拿來當參考或說理用，這是管理上最基本的工作，千萬不能輕忽這些要求和規定，否則很容易積非成是，顛倒是非，上面三個案例就是最好的例證。

**【後記】**

很多亂象都是起因於怠惰職守，不尊重制度，便宜行事，把該做的事情，該執行的制度擺在一邊。法規制度是平常要落實執行的，而不是在產生問題，有爭議後，再拿來當評斷參考或說理用。

# 29 因材施教，揚長補短

讓部屬在大庭廣眾之下難堪，並無助於學習成長，同時也直接傷害了自尊。本意是為他好，但手法卻會讓他覺得是在找麻煩，下次犯同樣錯誤的機率反倒會因為這次行為而增加，很難達到引導向上的目的。

底下是一位金融企業主管在培訓的課後作業中提出的問題：

我們部門每天有固定晨會，每個人都要準備材料就市場走勢做分析判斷的報告。有位女士（老員工、業績好）性格內向排斥公開發言，這週已經有兩次晨會遲到並且沒有準備材料發言。我都私下提醒她準時參加，第二次還是這樣，我就在晨會結束時當場說明晨會的目的是為了讓大家學習、進步、補短板，要求大家重視。雖然沒點名，但是大家肯定知道是說誰。不公開說呢，怕其他遵守規定的人認為我鬆懈管理，公開說也擔心這位女士尷尬（按理說批評要不公開）。現在說完了，如果接下來她又繼續犯同樣的錯誤，又要怎麼處理呢？

下面的內容是我給予的建議：

您好！

您覺得當大家心裡都清楚講的是這位女士，她會有什麼想法？

俗語說：「揚善於公堂，歸過於私下。」讓她在大庭廣眾之下難堪，並無助於她準時出席晨會，同時也直接傷了她的自尊，您的本意是為她好，但手法卻會讓她覺得是在找她麻煩！她下次犯同樣錯誤的機率反倒會因為這次行為而增加，很難達到引導她在早會分享的目的，她就算受迫勉強為之，也只是虛應故事。

您很清楚她業績好，但性格內向排斥公開發言，此時要求她公開發言，對她而言就是一件難事。您要儘量用她的長處，循序漸進補她的短處。不過首先，您之前讓她在公眾面前難堪的結要先解，建議您放下身段，對於之前未經深思熟慮的行為向她致歉，並和她私下好好談一談；讓她理解，培養公開發言的能力，對她未來的職涯發展有很大的幫助。引導她由簡單的和大家在晨會打招呼，發放分享資料開始，再慢慢地逐步增加發言內容，一步一步地漸進發展。

您的目的是要部門越來越好，在晨會時能彼此分享，如何讓大家能互通有無是重點，至於如何發言倒是需要時間的歷練。

希望這些建議對您會有點幫助！

主管為了提升部門的競爭力，對部屬當然會有積極且嚴格的要求，然而，事前一定要有周延的思維，切勿顧此失彼，否則容易造成部屬的誤解和反彈。帶領部屬完成公司賦予的任務及工作，是團隊領導者的職責，如何在過程中給予部屬學習及成長的機會，讓部屬在工作中找出樂趣，培養成就感，進而真正的能做到「敬業」、「樂業」，則考驗著主管的領導智慧。

《論語．先進篇》中，孔子和子路、冉有、公西華的對話，用白話文來說，意思如下：

子路問孔子：「聽到一件合乎義理的事，立刻就去做嗎？」孔子說：「父親和兄長還活著，怎麼可以不先請教他們的意見，就先去做呢？」冉有問孔子：「聽到一件合於義理的事，立刻就去做嗎？」孔子說：「聽到了應該立刻就去做。」

公西華問孔子：「當子路問『聽到一件合乎義理的事，立刻就去做嗎？』，您回答說『還有父兄在，怎麼可以聽到了立刻就去做？』，冉有問『聽到一件合乎義理的事，立刻就去做嗎？』，您回答說『聽到了應該立刻就去做』。我感到迷惑，我大膽的請問老師，這是什麼緣故呢？」孔子說：「冉有畏縮不前，所以我鼓勵他進取；子路好勇過人，所以提醒他多聽意見不要急。」

引導冉有積極進取，子路慎思熟慮，孔子因材施教，造就了72賢者，這個寶貴的教育方式，影響了數千年的歷史文化。所以，帶領部屬也是需要依據個別不同的能力狀況給予必要的輔導，這位女士不足的是公眾表達能力，當主管的要因勢利導，循序漸進，讓她逐步強化這方面的不足，再藉由已提升的口語能力分享她優異績效的經驗，這正是因材施教，而且可以揚其長補其短。

【後記】

帶領部屬完成公司賦予的責任和任務，是團隊領導者的職責，如何在過程中給予部屬學習及成長的機會，讓部屬在組織中產生價值做出貢獻，在工作中找出樂趣，培養成就，進而真正的做到「敬業」和「樂業」，這充分考驗著主管的領導智慧。

# 30 自私自利的官僚

奉命行事，按規定辦理，大家都是如是說。但是，究竟是奉誰的指示？按什麼樣的規定？卻又說不出一個所以然。結果，抱怨和不滿就這麼持續著，工作人員還是依舊故我。

官僚在學理上有一定的說法和定義，不論原委是由組織層級結構、專業分工而衍生，或是組織運作下意外的產物，終究這個名詞代表著迂腐、守舊、阻礙進步。從政府機關到民營企業，大家都知道官僚是不好的，都希望將官僚趕出體制之外，但只要涉及到人性的自私，官僚就很容易在不知不覺中被隱藏在體制內。

中秋前夕，風塵僕僕地從山東「X南市」搭機回台過節，班機是晚上9：05起飛，照理講，航空公司最晚從7點起就要開始受理旅客辦理登機手續，當天有到大陸旅遊回台的台灣團，有大陸來台旅遊的旅行團，也有商務旅客。很多人在6點半前就在出國閘門前等待，準備辦理登機手續。（在大陸出國，航空公司櫃臺受理辦登機手續有兩種形式，一是在海關管制區外的航空公司櫃臺辦理；一是櫃臺設置在海關管制區內，必須通過管制區才能辦理登機手續。「X南市」機場是屬於後者。）

長長的人龍大概接近百人吧，有拄著拐杖的老人，有需要大人抱著的娃娃，現場悶熱不通風，沒有座椅可坐，一個挨著一個，都翹首盼著能早點進去辦手續。在大家站著等待的期間，看見穿白衣的海關人員、穿著綠衣的邊檢人員，有人拿著晚餐、有人拿著飲料，有說有笑地進出著（旅客應該都是沒吃晚餐，排隊站著等）。

時間一分一秒的過去，7點到了，怎麼還不讓旅客進去？站在排頭第一的我（6點就到機場）不禁納悶著，於是問了門口的公安，幾點才能進去辦手續？公安回我，要7點半才開門，我問為什麼？他回不清楚，奉命行事。剛好有幾位穿綠衣的邊檢人員要進去，我向帶頭的領導問幾點能進去辦手續，一樣制式的回覆7：30才開始辦理，我說這是飛往海外的航班，通常是起飛兩個小時前就要開始辦手續，現在有這麼多人在外面排隊，有老有小，難道不能早一點開放嗎？帶頭的領導回我，會向上面反應，但這是航空公司的安排。

7：30到了，旅客陸續進場辦手續，我順便問了在櫃臺協助的航空公司主管（航班是台灣的航空公司），為什麼到7：30才開放？時間太趕了。這位主管回覆，航空公司只是配合規定辦理，我反問，邊檢說這是航空公司的安排，這位主管笑笑地回我，我們只是借用這裡的場地辦業務，不可能有那麼大的權力。

在過邊檢的同時，忽然間聽到一男一女很大的爭吵聲音，大家都往聲音處看去，好像是從邊檢的後方傳出來的，是一群穿白衣服的海關工作人員，一位海關女工作人員與一位男領導起了爭執。當我過安檢時，被這位與人爭吵的女海關檢查，她面露不悅，手腳粗魯，好像要把氣出在受檢的旅客身上，在我後面過關檢查的幾位台籍旅客也都有類似感受，只是敢怒不敢言。

海關檢查完後，我請教了一位面容看起來相當和善的海關領導；9：05分起飛，7：30才開始受理辦登機手續，除了劃位，行李托運，還要邊檢和海關檢查，時間太趕了。這位海關人員回答我，他也不知道為什麼。

這個過程中，我問了邊檢、航空公司、海關，大家都是聽命行事，但是，究竟是誰的規定，卻又說不出一個所以然。這些機場的工作人員，進出輕鬆，渴了可以出來買飲料，餓了出來買飯盒，累了裡面有椅子坐，當然感受不到站在外面旅客的心情，這些旅客人都是趕著來搭機，沒得吃，也沒得喝，再累也只能站著（不然就是坐地上）。

機場設置的目的是要服務旅客，海關邊檢等相關組織成立的目的是要服務人民，結果是旅客扶老攜幼帶著大批行李在外罰站一個小時，受聘來服務旅客、老百姓，領著國家薪資的公職人員在裡面悠哉吃飯、喝飲料、聊天，這是多麼諷刺的畫面。難道這些機場相關的工作人員看不到外面排隊的景象嗎？

問題在事不關己，提前開放只會增加工作時數，利益衝突，對自己一點好處都沒有！

身在官僚體系中的組織成員，感受不到自己的官僚，當有人批評時還會振振有詞地辯解，自稱所做的都是依規定辦理。官僚很難由內部做改革，當大家都在那個理所當然的氛圍中，要眾人皆醉我獨醒是件很難的事。要求脫離這樣的舒適圈，裡面的人會強力反擊的。

官僚要從體制外改革，而且是要強而有力的外來力量正面衝撞才會產生效果。通常只有外來的衝擊才會讓局中人有所省悟，而且這個衝擊還要夠大，否則也只會是「狗吠火車」，當時間過去了，不痛不癢，官僚依然故我。

**【後記】**

身在官僚體系中的組織成員，感受不到自己的官僚，自稱所做的都是依規定辦理。官僚要從體制外改革，而且是要強而有力的外來力量正面衝撞才會產生效果，通常只有外來的衝擊，才會讓局中人有所省悟。

# 31

# 機會是留給有充分準備的人

上車跟著導航走，和事前研究行車路徑都可幫你到達目的地，但兩者背後的意義一樣嗎？導航真的解決了出行的所有問題嗎？路近一定會快點到達嗎？現在不塞車就表示等一下不塞車了嗎？

這幾年大陸出行的交通工具有了很大的變化，除了公部門的建設讓出行方便了許多，所謂的網約專車（類似Uber）也讓上班族多了一項不同的選擇。網約專車的出現，使得出租車（台灣稱計程車）的服務品質因為競爭壓力，有了很大的改善，真的是應驗了「有競爭才有進步」這句話。

然而此時也發覺另外一個現象，很多網約專車的司機是從三、四線城市來到一線城市謀生，因為有駕照，就先投入網約專車的工作，對城市的交通動線並不熟悉，全部靠導航開車，有時還需乘客指引行車路徑，在道路的熟悉度方面，遠不及資歷豐富的出租車司機，在上下班顛峰若要趕時間，坐上網約出租車會比網約專車快很多，因為對於交通狀況的掌握，識途老馬的出租車會比較能滿足有時間壓力客戶的需求。

快速擴張，司機卻對路況不熟，這是越來越多的乘客對網約專車的服務產生抱怨的主因之一。

曾有一次在上海，透過叫車平台系統搭了一輛網約出租車，開車的師傅很健談，聊到網約專車是否會對出租車造成很大的威脅時，這位師傅說，多少都會有影響，但我並不是很擔心。他驕傲的說：

「像我開了這麼多年的車，要說對上海道路的熟悉度，那絕對是遠遠勝過這些專車司機，因為這些專車司機開車時是靠導航帶路，所以路在手機上，每次接到訂單後，才知道目的地在哪裡，設定導航邊開邊找，一手握方向盤，另一手要操作手機螢幕，一心二用，所以車開起來不順暢，而且要邊看路況邊看導航，安全有疑慮。像我這樣的出租車司機，是靠大腦開車，路都熟悉的記在腦子裡，哪裡容易塞車，哪裡紅燈過長，清清楚楚，開車時專心一志，眼看四面耳聽八方，安安全全的把客人送到目的地。」

這個師傅講得真是入木三分，專車司機無法預知下一個乘客要去哪裡？沒辦法事先做準備，等接到訂單後，不熟的地方就只能邊開車邊看導航。我再問：導航看多了，對路況也會熟悉的啊！師傅說：

「沒那麼快就熟悉，當你一心多用，要注意路況又要看導航，常常會記不住開過的路是怎麼過來的！」

這位師傅還真沒講錯，自己開車也有這樣的經驗，事先準備看地圖找好路線怎麼走，走過一次後，路徑就很容易記得。若是臨時上車開導航跟著走，常常是走過就忘了，下次再來，還是要靠導航帶路。

我想這樣的差別就在於做這件事之前，你的準備是否充分？事前充分的準備，可以讓你在事發當下不慌不忙全神貫注，整個過程很自然地就會清楚地烙印在記憶裡。

出租車多年的駕駛經驗，讓他們比網約專車司機早做好準備，現在已有部分司機捨棄開出租車投入網約專車的行列，去除原來出租車舒適性的不利因素。由出租車轉入專車的司機，受歡迎的程度正在不斷的快速上升中。

古云：「三軍未發，糧草先行。」講的是出兵作戰之前，必須先準備好充足的糧草。而且通常還要求只能多備，不能少備，前線缺糧是有人要被砍頭的。

現代的商業競爭，其激烈程度不下於古代的戰爭，事前準備的要求，有過之而無不及。事前充分的準備讓我們對事物的處理更加細緻透徹，經由這些過程的領悟，以及歷練積累出來的經驗，可以快速的協助我們提升效率。當別人仍在摸索或是找尋方向時，我們卻已胸有成竹，按部就班的朝目標邁進。

成功和聰明與否，沒有絕對的關係，和事前能否用心準備，卻有絕對正向的關聯。用心充分準備可以協助我們仔細思量每個細節，認真考究每個好與不好的關鍵，掌握住更多的可能性，從容應對突發的不確定性，當然成功的機率會比別人更高。所以說：「機會是留給有充分準備的人。」

**【後記】**

充分的準備讓我們對事物的處理更加細緻透徹，可以仔細思量每個細節，認真考究每個好與不好的關鍵，掌握住更多的可能性，快速提升效率。經由這些過程的領悟，以及歷練積累出來的經驗，更能從容應對許多突發的不確定性。成功和聰明與否，沒有絕對的關係，和事前能否用心準備，卻有絕對正向的關聯。

# 32 官僚化的「意外」

我們都公告了，但客戶不看，難道還是我們的責任嗎？「官僚」把客戶都趕跑了，當事者卻還沒找到問題！

有一次從廣州搭機回台，在機場經歷了兩個不太舒服的「意外」。當天是下午5：30的飛機，因少在廣州搭機，所以提前出發，到機場約下午3：10，從搭機的app「非X準」上查出，是在N島辦理報到，且從台灣飛來的航班也已快降落（此航班是從台灣載客到廣州，再從廣州載客回台灣），今天應該是準點，心裡也踏實些，前兩天因雷雨，班機都延遲了一個多小時。

然而，當我到N島時，沒看到有人在辦理報到，找了諮詢櫃臺問，才知道在10天前該航空公司的航班已改到新的航站樓報到，必須搭接駁車才能到新的航站樓。經櫃臺服務員的指點，趕緊小跑步前往接駁車站牌，因不知接駁車多久有一班（櫃臺服務員也不知道），心裡著實有些忐忑不安，到站牌後看到不少台灣旅客和我有相同的遭遇，大家都沒收到改航站樓報到的通知。

等了約10分鐘，接駁車來了，因這次出差時間長，行李是個29吋的大箱子，有好幾位旅客也和我一樣是大行李，當我們請司機先生打開接駁車行李艙以便我們放行李時，司機說接駁車沒行李艙，要旅客把行李扛上車。聽司機這麼一說，大家面面相覷，無奈的互相幫忙把彼此笨重的行李扛上車，再一路搖晃著，一手拉著行李，一手拉著車上的吊環，搭著接駁車到新的航站樓報到。

回國後查了相關機票訂位和航空公司的往來資料後，有關廣州搭機航站樓更改的訊息，只在航空公司給會員的電子會訊和官方網站某個訊息區塊出現過，其餘的通知都沒有。這種電子會訊，會員詳細觀看的大都只針對權益變動部分，其餘的都是略過，至於官方網站，更是很少有人會去注意哪個城市的搭機航站樓是否搬遷，除非是自己經常往來的區域。

問題在航空公司的主事者選擇用會訊和網站公告的方式通知，但這種方式對旅客而言等同沒有通知。現今流行一句話，叫「重要的事要講三次」，目的就是要想盡辦法提醒對方，盡全力避免遺漏。航空公司有詳細的會員資料，可通知的管道非常的多，透過e-mail、簡訊或航空公司自己的app直接和客戶互動，都可避免客戶走錯航站樓。然而這次卻選擇了最差勁的通知方式——官僚式的公告，簡單粗暴地對外宣示我有通知，主事者可清楚地避開責任問題，至於旅客是否有收到？是否會因此耽誤搭機，這就不是他們關心的重點。這種不負責任的做法，其實只要有其他機會，相信客戶肯定會重新選擇航空公司。

忠誠度是來自於公司值得客戶對其忠誠，當公司不夠用心時，何來客戶的忠誠可言？

接駁車也是一樣，從舊航站樓到新航站樓安排了交通工具，對旅客有交代了，但舒不舒適卻不是機場的重點。接駁車是10分鐘一班，非常密集，應該是很方便才對，怎知是用沒行李艙的大巴接駁，要扛行李爬三階樓梯，這種不爽的體驗，把10分鐘一班車的便利性全抹煞了。

這兩個「意外」的背後都有著相同的原因：無法站在使用者的立場考量，官僚式的處理態度，應付了事。不可預測的意外，客戶可以體諒，但這種不用心的低級錯誤，只會增加客戶的厭惡感。要做，就要用心、細心，做得精緻。敷衍了事，有時做了比沒做更慘，負評更多。

這次唯一可安慰的就是提前到達機場，因為提早準備，有了較充裕的時間面對突來的變化。

企業經營最不願意遇見的狀況之一，就是突來的「意外」，意外令人措手不及，容易產生重大的損失。因此時間變成是這個時候最關鍵的因素，用時間換取空間，爭取更多的應對機會。當大家都同時面對意外，誰有較充裕的時間應變，誰就能掌握處理意外的先機，有時候這種先機就是能超越、領先競爭者的重要契機。

## 【後記】

企業經營最不想遇見的狀況之一，就是突來的「意外」，意外令人措手不及，容易產生重大的損失。因此時間變成是這個時候最關鍵的因素，用時間換取空間，爭取更多的應對機會。當大家都同時面對意外，誰有較充裕的時間應變，誰就能掌握處理意外的先機。

# 33 抱怨沒有幫你解決問題

當你在抱怨時，大家是洗耳恭聽？還是敬鬼神而遠之？抱怨完了，罵完了，事情就解決了嗎？還是問題依然存在？

在現今競爭激烈的工作環境下，利用抱怨抒發自己心中的鬱悶和不滿，在職場上是很常見的。有人抱怨工作分配不均，有人抱怨工作努力得不到上司青睞，有人抱怨不同工卻同酬。然而，這些抱怨的內容是否屬實？還是自己主觀的感受？其實是有待考證的，而且經常抱怨，無形中也會影響抱怨者的人際關係和工作表現。

其實當你在抱怨時，是看不見自己的短處和缺點，錯的都是別人，這個時候你是盲目的，盲人走在街上若沒人幫忙或導盲設施指引，是一件非常危險的事。但，習慣於抱怨的人，通常是無止境的、不斷的將心裡面的不滿往外傾倒；就像一位有口臭的人，一直靠在你身邊喋喋不休，讓人受不了，此時你只能越躲越遠，避掉讓人難受的口氣。所以，若你只是不斷的在抱怨，久而久之，也會讓大家儘量避開你，至於幫助你，那就更談不上了。

抱怨要花掉你不少的時間，卻對提升自己沒有什麼幫助。抱怨會讓自己看不清事實的真相，讓思維一直沉溺在不滿、委屈的情緒當中，也會增加你推卸責任的藉口，毫無正能量可言。

在這樣的情境中，你看不到別人的好表現和優秀的內涵，許許多多的學習機會因著抱怨而流逝，當然，此時你也不懂得自省，所以也沒有什麼進步的機會，反而可能讓自己的行為越走越偏。這會是個惡性循環，是個讓自己無法自拔的漩渦，在抱怨中你看不清事實，分不清善惡，找不到自己的缺失，卻處處自以為是，這樣只會讓你的能力和工作表現都越來越差。

在工作中確實會有些不公平或是讓你不得不忍受的委屈，這些並非都不能說，重點是你要先思考如何說，才會對你解決問題有幫助。千萬不要說了只是徒增紛擾，讓事情越變越複雜，甚至難以解決。其實，偶爾適當的表達心中的不平，用心平氣和的態度就事論事或是詼諧自謔的口吻，都是可以提醒當事人和相關人等去注意一些平常不太在意，卻是有失公允的事物。

所以，當你想抱怨時，先考慮底下幾個建議。

1 正向思維：遇見事情盡量朝好的方面著想，不要讓自己陷入怨天尤人的情緒中。

2 弄清事實：事情是不是像你想像的一樣？有沒有誤解？自己有沒有先入為主的主觀臆測或偏見，因為這些常會把你導入負面的情緒當中。

3 轉換心境：當你發現自己一直很委屈，很多事都對你不公平的時候，先暫時放下工作出去走一走，或是做些合適的運動；跑步、游泳、打球…等，轉換自己的心境。

4 換位思考：當心中有怨時，換位思考，如果你是對方心裡有何感受？或許從中也可理解別人的心境。

5 避免群聚影響：當你發現常和一些人一起抱怨發牢騷，這就是個警訊，這會互相傳染，越陷越深，而且不受同事和公司歡迎，千萬別讓自己成為這種團體中的一員。

人生總會有不如意的時候，用寬闊的心情去對待，才能擺脫煩惱的糾纏。《老子．五十八章》提及「禍兮福之所倚，福兮禍之所伏」，禍福相依，可互相轉化。「塞翁失馬，焉知非福」也是相同的寫照，原來想抱怨的對象或事物，何嘗不是在提供我們學習的機會？孔子說：「見賢思齊，見不賢內自省。」從環境中找到可以滋長我們的養分，可以提供成長的經驗，會比不斷的抱怨不公，嫌惡別人，更能讓自己成熟進步。滿腹牢騷，四處吐苦水是無助於解決問題的。

**【後記】**

工作中確實會有些不公平或是讓你不得不忍受的委屈，「見賢思齊，見不賢內自省。」從環境中找到可以滋長我們的養分，可以提供成長的經驗，會比不斷的抱怨不公，嫌惡別人，更能讓自己成熟進步。

# 34 未雨綢繆

企業的經營通常是在不斷解決問題的過程中發展，找到一個能不斷解決問題的主管，常會讓企業如獲至寶。然而，找到這樣的主管就真的把問題解決了嗎？

小吳於一家知名的家電產品代工廠擔任副廠長的職務，工作表現優異，這幾年在生產上發生的大小問題，不論是有關品質、成本控制或製程改良，只要問題出現，他都可以想到解決的辦法，是公認的問題解決專家，雖然很忙，但小吳還是能樂在解決問題的過程中，享受大家的肯定和掌聲帶給他的成就感。

這次因廠長退休出缺的職位，大家都看好小吳，然而公司公布的廠長人選，竟然不是小吳，這個結果大大出乎眾人意料之外，也讓小吳非常失望，小吳找了總經理，想請教自己哪裡表現不好，為什麼這次的廠長職位他沒有機會？總經理很親切的告訴小吳，他很努力，很用心，大家都很肯定，只是他太辛苦了，要不斷的解決工廠產生的問題。因此，公司找了一位能讓工廠不要產生那麼多問題的專家來當廠長，這樣小吳就不會那麼辛苦，同時小吳也可以和這位專家學習如何降低問題發生的機率。

小吳不斷的在解決問題，公司都看到了，然而公司更看到解決一個問題卻又得面臨另一個問題，重點在於如何讓問題少發生或不發生，所以，現在最需要的不是解決問題的廠長，而是能抑制問題發生或預防問題的廠長。

解決發生的問題是「亡羊補牢」，事後處理的成本遠遠高於事前的防患，在現實的管理中，人們習慣於解決事後的困擾問題，卻忽略了事前預防工作的重要性，未雨綢繆才能對症下藥，也才有機會根除病灶。還好，在上述的情境中，公司的總經理看得更高更遠，他不希望頭痛醫頭，腳痛醫腳，所以找來了一個可以做好防患未然的人來當廠長。

至於如何做好防患未然，筆者有下列幾點淺見提供參考。

1. 過程重於結果：過程檢查比結果檢查重要，良好的過程掌控可避免產生不良結果，處理結果的成本遠大於過程中的投入。
2. 落實稽核工作：制度、流程的規定是否落實執行是很關鍵的，要讓組織內的每一分子都確實按照要求執行工作，才能避免瑕疵產生。另外，從稽核的過程也可發現原來的規定是否有遺漏或不足之處，優化、改善這些規定也是預防工作的重點。
3. 滿意度調查：客戶抱怨常被列為企業最優先的處理事項，但這是「亡羊補牢」。若能做滿意度調查，從調查中找出滿意度低的部分，著手改善，就有機會搶得「防患未然」的先機。
4. 獎勵全員參與：獎勵大家參與發掘問題，也可強化預防工作，尤其是一線工作人員，因為對問題的了解，他們比主管多得多。

春秋時代的名醫扁鵲，家裡有三兄弟，都是學醫的。有一天，魏文王問扁鵲：「你們三兄弟誰的醫術最好呢？」

扁鵲說：「大哥醫術最好，二哥其次，而我最差。」

魏文王覺得奇怪，繼而問扁鵲：「那為什麼你的名氣最大呢？」

扁鵲回答說：「大哥治病，是在疾病發作之前，一般人不知道他已事先剷除病因，所以他的名氣傳不出去，只有家裡人知道；二哥治病，是在疾病發作病況並不嚴重的初期，一般人以為他只能治小病，所以名氣僅傳於鄉里；而我治病，是在病情嚴重的時候，一般人看見的都是我在經脈上用針放血，在身體上敷藥開刀，就認為是我的醫術最高明，所以名氣傳遍全國。」

這就是所謂的「上醫治未病，中醫治欲病，下醫治已病」的故事。這個故事除了看到名醫扁鵲的謙讓，也告訴我們預防重於治療，日常就要好好注重養生保健。相對的，企業的經營也是如此，等問題發生了再想辦法解決，都是臨渴掘井，臨陣磨槍。事前要能居安思危，防患未然，事業發展才能有備無患。

【後記】

如何做好防患未然？過程檢查比結果檢查重要，制度、流程的規定是否落實執行是重要關鍵。做滿意度調查，從調查中找出滿意度低的部分，著手改善。同時鼓勵大家一起參與發掘問題，如此才能居安思危，有備無患。

# 35 溝通中的「聽」與「說」

每次溝通想傳達的內容，幾乎都是主管殫精竭慮之作，但效果卻不彰！再三審視，內容沒有問題，那有問題的就是部屬囉，尤其是受教的態度需要被端正！上述內容就是溝通效果不彰的主要問題嗎？

「小江，下午3點到我辦公室來一趟，有事情和你溝通。」經理這一叫，小江整個心情跌到谷底，週遭的同事也報以同情的眼光，因為一進經理辦公室，哪會有什麼溝通？運氣好的聽說教，運氣不好的就是狠批一頓，連讓你申辯的機會都沒有。

經理在交代完小江下午來找他後，心裡就想著，他每週找小江談，希望透過工作上的交流溝通，逐步提升小江的能力，這樣的方式實施了好幾個月，效果雖不顯著，但起碼把工作確認清楚，不至於會有大錯誤發生，只是這樣的溝通模式真的很累人。

主管想透過每週一次的溝通，提升部屬的能力。部屬對於每週一次的溝通，卻認為是挨批和聽說教的苦差事。這樣的認知差異，經常會發生在上下屬的工作關係上。

問題在哪？其實主要是在「聽」和「說」的主客地位，到底是要以「聽」為主？還是要以「說」為主？溝通的目的是交流，是增加雙方對彼此的了解。但通常面對溝通，常人把如何說服別人，如何讓對方言聽計從，變成是主要重點，「說」的分量遠遠大於「聽」，有「溝」卻不見得有「通」。

那如何做到有效的溝通呢？絕不是讓對方聽你的話，而是你要先「聽」對方「說」，要把「聽」擺在「說」的前面，你要先了解對方，先從別人的談話中找到他們的想法及需求，才能知道差異在哪裡？您提出的主張才會有交集，才會有機會打動對方。

前述案例中的經理，或許是因為職位角色，或許是因為自己豐富的經驗歷練，極力的希望部屬能在溝通中受教、學習、長進。所以，經理認為的溝通就是不斷地傳輸自己認為是對的，自己認為是部屬需要的訊息，卻無法聽進部屬的需求，導致事倍功半，效果不彰，弄得自己也疲憊不堪。

另一個導致溝通不良的可能因素是：或許您的主張都正確，提出來的辦法也絕對可行，但對方感覺不舒服，好主張、好辦法卻不一定會得到對方的認可。因您沒聽對方講，對方感受不到被尊重，當你不願意聽我說的時候，就算你的內容再好，再精彩，我也聽不進去。

其實，人和人的關係就是這麼微妙，你聽我的，我就會聽你的，禮尚往來。若不信，回家試試，您若很用心地聽孩子講話，您會發現孩子會變得越來越聽話，因為您聽他的，他就聽您的，就這麼簡單。

溝通不只要用腦，也要用心，不要滿腦子想著要對方如何？希望對方怎麼樣？而是要用心體會別人的需求，尊重別人的感受。溝通貴在雙方互通有無，不是只有單方想法，抓住心比提出要求，告訴他怎麼做更能引起共鳴。

至於要引起共鳴，就要有適當的回應，適當的回應最好可以建立在如何引導對方「痛快地說」、「舒暢的說」、「一股腦兒的說」的基礎上。

「沒錯，真的是這樣！」「真的是辛苦你了！」「你觀察得真仔細！」

正面積極的回應，才能觸動同理心的感受，也才能讓對方敞開心胸，無話不說。當說得越盡興，越透徹，您越能由對方的表達中抓到重點，進而對症下藥，您提出的建議和看法，對方的接受程度就會越高。

然而，聽與說的比例，要多少才算合理？筆者認為，「聽」一定要比「說」多，這是前提，至於是6/4比，7/3比或8/2比，各家說法不同，重點在於用心聽的過程會發現說話人內在的真正需求，對方若對議題一無所知，可能您說得比重就要稍稍拉高，若對方已是胸有成竹，此時無聲勝有聲，您積極肯定的眼神，點頭「嗯！嗯！」的回應，就是最好的溝通反饋。

【後記】

溝通不只要用腦，也要用心，不要滿腦子想著要對方如何？希望對方怎麼樣？而是要用心體會別人的需求，尊重別人的感受。溝通貴在雙方互通有無，不是只有單方想法，抓住心比提出要求，告訴他怎麼做更能引起共鳴。

# 36 要見得別人好

主管喜歡的部屬，就是主管的人？抓得住主管的想法，就是懂得巴結主管？問題真的這麼容易判斷嗎？還是你遺漏了什麼？

小王工作表現日益長進，在部門內越來越得到主管的賞識和重用，年資比他深的老張卻得不到主管的青睞，工作績效與小王比較有日行漸遠之勢。因此老張常看小王不順眼，總是跟同事說：

「小王他就是靠巴結老闆才有機會往上爬，我才不屑去做這樣的事。」

老張如是批評小王，自己的工作卻仍然沒什麼進步，顯然，批評小王並沒有讓他的表現變好。

然而小王真的是靠巴結老闆才得到往上爬的機會嗎？老張有深入去探究原由或只是看到表象就自己主觀臆測呢？其實真相是小王平時勤奮努力，別人休息時他在認真用功，而且用心了解主管的想法，親近主管學習，也因接觸機會多，了解主管的習性，同時自身也努力不懈表現出色，所以獲得主管的信任，而非老張所謂的「巴結」。

小王打拼的過程應該可以鼓舞人心，讓人得到啟發，見賢思齊，奮發向上。但，老張卻看不到這些用心過程，只會負面看待別人的成功，造謠中傷，扭曲別人辛勤的努力，不滿的情緒占據了他應該用在工作上的心思。很顯然的，是老張嫉妒小王，因為小王的成就令他不愉快，不舒服，令他感覺受到威脅。

其實，嫉妒是每個人幾乎都會有的心理產物，你是要接受嫉妒的負面擺佈，還是要擺脫嫉妒的不良影響，完全在於如何去面對這種內在感受；處理得當，會轉化成讓自己努力奮鬥的目標，學習的標竿。若處理不當，輕者捲入埋怨、不滿的漩渦中無法自拔，錯失上進的機會。重者損人不利己，甚至身敗名裂。

《聖經》上有這麼一則故事：從前有兩隻老鷹，一隻長得非常美麗，飛得又高，又遠，引起另外一隻老鷹的嫉妒。有一天，這隻嫉妒的老鷹，遇見一個獵人，便要求獵人幫助牠，把那隻美麗的老鷹射下來。

獵人告訴牠：「需要幾根羽毛綁在箭上，才有辦法。」

這隻嫉妒的老鷹，就從自己的翅膀上，拔出幾根羽毛給獵人，獵人瞄準美麗的老鷹，把箭射了出去；但是，因為美麗的老鷹飛得實在太高，所以沒有射中。嫉妒的老鷹，又繼續將自己身上的羽毛拔出幾根給獵人，結果，獵人射了許多次，還是射不中。這時，嫉妒的老鷹，把自己翅膀上的毛都拔光了，飛不起來，獵人就輕鬆的抓住了牠，把牠殺了，烤來吃掉。嫉妒之心沒害成別人，卻先傷了自己。

嫉妒會讓人迷失心性，甚至做出意想不到令人吃驚的乖張行為。要防止嫉妒惹禍，筆者在此提供幾個建議。

1 避免比較：嫉妒來自比較，人比人氣死人，一有比較，很容易撩起怨懟和不滿的情緒。

2 不要自怨自艾：哀怨會讓自己產生被不公平對待的錯覺，容易養成怪

## 36.

罪別人的習性。

3 學習享受努力的過程：結果論會讓自己只看到成功者耀眼的成就，忽略了他們曾經流血流汗的過程。

4 學習感激：和懂得感恩的人交往，有助心懷善念，廣結善緣。切勿與善嫉的人群聚，以免受到負面能量的影響。

5 學習欣賞別人的成功：把別人的「優異表現」轉換成激勵自己的挑戰，努力朝目標邁進，才能發展自我，創造成就。

戰國時期，韓非投奔秦國，秦相李斯因嫉妒同窗韓非的才能，向秦王進讒言而導致韓非冤死獄中，讓秦國白白損失一位良才。李斯雖然陰謀一時得逞，最後也是不得善終。打擊別人難以成就自己，見不得別人好只會窄化心胸，無法開闊視野。要見得別人好，學習別人成功背後的努力，才能真正提升自己。

**【後記】**

打擊別人難以成就自己，見不得別人好只會窄化心胸，無法開闊視野。把別人的「優異表現」轉換成激勵自己的挑戰，努力朝目標邁進，才能發展自我，創造成就，要見得別人好，才能真正提升自己。

# 36.

# 37 客戶信賴是企業經營的根本

客戶持續買單是企業發展的重要依據，信賴是關鍵！你真的抓住關鍵了嗎？還是只看到表象？

滴滴出行創立於2012年，2016年1月收購美國網約車平臺Uber中國業務，經過幾年的布局，已成為大陸網約車龍頭。2018年3月初，滴滴還曾預計2018年其主營業務將實現盈利，淨利潤有望接近10億美元。2018上半年，一度傳出滴滴即將IPO，估值在700到800億美元之間。

根據2018年德勤發佈的《中美獨角獸研究報告》，全球估值前十名的獨角獸企業裡，大陸占五家，滴滴出行位居第二，僅次於螞蟻金服。至2018年底，滴滴出行用戶達5.5億人，是世界上最大的出行服務平臺，前景一片看好！

然而，2018年5月及8月發生順風車司機殺害女乘客事件，嚴重影響滴滴信譽和社會形象，重創業績，以致該年度公司持續巨額虧損，全年虧損高達人民幣（下同）109億元，較2017全年虧損的約25億元多出逾4倍。從2018年上半年的欣欣向榮，到年底的嚴重虧損，落差之大令人瞠目結舌，難以置信。

原來是被極度看好的企業，上市的目的之一也是希望進一步讓客戶看見未來發展的願景，卻因為內部管理不當導致的安全事件，聲譽和業績一落千丈。客戶信賴是品牌賴以生存的重要資產，失去客戶的信任，等同失去客戶購買產品的動力和意願。要重新找回客戶建立信賴感，是件極度困難的事，很多公司因為這樣的類似事件處理不好，一蹶不振。

（在經過2018年的嚴重打擊後，滴滴出行內部痛定思痛，落實管理：2019年重組業務，將工作性質重疊和績效不達標的員工進行裁員，整體比例占到全員的15%，涉及2000人左右。同時，配合之前超前布署的業務，重整營業方向，如今營業觸角已廣泛涉及網約車、代駕、共享單車、汽車服務、外賣、金融、自動駕駛等領域，充分掌握社會脈動及需求，業務類型多元發展，氣象一新，2021年初已重新吹響IPO號角。）

有一家陸資企業集團，因二代接班，旗下各子公司的總經理幾乎都是父執輩的老臣，觀念衝突，二代企業主常有心無力，無法貫徹意志，因此希望能舉辦一次培訓，主題是「服從對企業發展的重要性」，藉此建立企業的服從文化。

相關培訓機構曾找上我，問我可否主講這個課程，進一步瞭解後發現，問題不在「服從」，反而是在「瞭解員工」和「傾聽」。這些父執輩的總經理心裡想的是什麼？為何和二代企業主觀念衝突？差異在哪裡？傾聽過這些老臣的心聲嗎？談了幾次？彼此想法有無共同交集之處？可以先求同存異嗎？如果前述的過程都沒做，其實上什麼樣的課都是沒有用的。因為「服從」不是從讓部屬聽話著手，是從「傾聽」部屬聲音踏出第一步。就如同要做好「領導」，就要先從做好「服務」開始是一樣的。因為二代企業主希望直接有效的上「服從」課程，我也就婉拒了這個邀約。

員工就是標準的內部客戶，不論過去企業有多麼輝煌的歷史，員工和企業主的關係如何的密切，當滿足不了這些內部客戶的需求，員工發現自己的聲音不再得到重視，企業主開始一意孤行不聽諍言，員工對企業的信賴感和滿意度當然會隨之下降，他們在企業內部奉獻服務的動力也會因此而消沉，這個企業品牌會逐漸喪失對內部客戶的吸引力，內部客戶也會淡化對企業的忠誠度，其實，分崩離析的情境將是可預見的。

內部客戶不滿意，您覺得外部客戶會滿意嗎？這會是個惡性循環，內外交相煎熬，企業在這種情形下要獲利，那更是有如緣木求魚！這和滴滴外部客戶的流失一樣，都會對企業造成巨大的傷害。

**【後記】**

員工是標準的內部客戶，不論企業有多麼輝煌的歷史，員工和企業主的關係如何的密切，當滿足不了內部客戶的需求，企業主一意孤行不聽諍言，員工對企業的信賴感和滿意度會隨之下降，在企業內部奉獻服務的動力也會因此而消沉，淡化對企業的忠誠度。

國家圖書館出版品預行編目資料

真的找到問題了嗎？／陳楊林著. --初版.--臺中市：白象文化事業有限公司，2021.10

面； 公分.

ISBN 978-626-7018-30-9（平裝）

1.職場成功法

494.35 110011947

# 真的找到問題了嗎？

作　　者　陳楊林
校　　對　陳品維、林金郎
發 行 人　張輝潭
出版發行　白象文化事業有限公司
412台中市大里區科技路1號8樓之2（台中軟體園區）
出版專線：（04）2496-5995　傳真：（04）2496-9901
401台中市東區和平街228巷44號（經銷部）
購書專線：（04）2220-8589　傳真：（04）2220-8505
專案主編　陳逸儒
出版編印　林榮威、陳逸儒、黃麗穎、水邊、陳媁婷、李婕
設計創意　張禮南、何佳諠
經銷推廣　李莉吟、莊博亞、劉育姍、李如玉
經紀企劃　張輝潭、徐錦淳、黃姿虹
營運管理　林金郎、曾千熏
印　　刷　基盛印刷工場
初版一刷　2021年10月
定　　價　280元